国家出版基金项目
NATIONAL PUBLICATION FOUNDATION

矿区生态环境修复丛书

矿山废弃地微立地
条件类型划分与评价

赵廷宁　田　涛　著

科学出版社
龙门书局
北　京

内 容 简 介

本书以华北地区采石场、铁矿、煤矿等矿山废弃地为研究对象,通过分析传统森林立地研究现状,结合微立地条件相关因子特性及相关规律,明确了微立地理论的研究内容和方法。通过对华北地区矿山废弃地微立地条件类型进行划分和质量评价研究,提出了适宜的植被恢复技术措施。本书具有较强的理论性和实践性,适用于指导复杂多样、分布零散的矿山裸露废弃地生态治理的研究工作。

本书可供矿山、林业、水利水保、园林、旅游、国土等部门从事项目建设管理、生态治理与生态修复、生态环境建设的教学、科学研究、设计和工程技术人员参考。

图书在版编目(CIP)数据

矿山废弃地微立地条件类型划分与评价/赵廷宁,田涛著.—北京:龙门书局,2020.11

(矿区生态环境修复丛书)

国家出版基金项目

ISBN 978-7-5088-5822-7

I. ①矿… II. ①赵… ②田… III. ①矿山—立地条件类型—研究—华北地区 IV. ①S718.53②X322.2

中国版本图书馆 CIP 数据核字(2020)第 212261 号

责任编辑:李建峰 杨光华 孙寓明/责任校对:高 嵘
责任印制:彭 超/封面设计:苏 波

科 学 出 版 社
龙 门 书 局   出版

北京东黄城根北街 16 号
邮政编码:100717
http://www.sciencep.com

武汉精一佳印刷有限公司印刷
科学出版社发行 各地新华书店经销
*

开本:787×1092 1/16
2020 年 11 月第 一 版 印张:8 3/4
2020 年 11 月第一次印刷 字数:208 000

定价:108.00 元
(如有印装质量问题,我社负责调换)

"矿区生态环境修复丛书"

编 委 会

"矿区生态环境修复丛书"序

我国是矿产大国,矿产资源丰富,已探明的矿产资源总量约占世界的12%,仅次于美国和俄罗斯,居世界第三位。新中国成立尤其是改革开放以后,经济的发展使得国内矿山资源开发技术和开发需求上升,从而加快了矿山的开发速度。由于我国矿产资源开发利用总体上还比较传统粗放,土地损毁、生态破坏、环境问题仍然十分突出,矿山开采造成的生态破坏和环境污染点多、量大、面广。截至2017年底,全国矿产资源开发占用土地面积约362万公顷,有色金属矿区周边土壤和水中镉、砷、铅、汞等污染较为严重,严重影响国家粮食安全、食品安全、生态安全与人体健康。党的十八大、十九大高度重视生态文明建设,矿业产业作为国民经济的重要支柱性产业,矿产资源的合理开发与矿业转型发展成为生态文明建设的重要领域,建设绿色矿山、发展绿色矿业是加快推进矿业领域生态文明建设的重大举措和必然要求,是党中央、国务院做出的重大决策部署。习近平总书记多次对矿产开发做出重要批示,强调"坚持生态保护第一,充分尊重群众意愿",全面落实科学发展观,做好矿产开发与生态保护工作。为了积极响应习总书记号召,更好地保护矿区环境,我国加快了矿山生态修复,并取得了较为显著的成效。截至2017年底,我国用于矿山地质环境治理的资金超过1 000亿元,累计完成治理恢复土地面积约92万公顷,治理率约为28.75%。

我国矿区生态环境修复研究虽然起步较晚,但是近年来发展迅速,已经取得了许多理论创新和技术突破。特别是在近几年,修复理论、修复技术、修复实践都取得了很多重要的成果,在国际上产生了重要的影响力。目前,国内在矿区生态环境修复研究领域尚缺乏全面、系统反映学科研究全貌的理论、技术与实践科研成果的系列化著作。如能及时将该领域所取得的创新性科研成果进行系统性整理和出版,将对推进我国矿区生态环境修复的跨越式发展起到极大的促进作用,并对矿区生态修复学科的建立与发展起到十分重要的作用。矿区生态环境修复属于交叉学科,涉及管理、采矿、冶金、地质、测绘、土地、规划、水资源、环境、生态等多个领域,要做好我国矿区生态环境的修复工作离不开多学科专家的共同参与。基于此,"矿区生态环境修复丛书"汇聚了国内从事矿区生态环境修复工作的各个学科的众多专家,在编委会的统一组织和规划下,将我国矿区生态环境修复中的基础性和共性问题、法规与监管、基础原理/理论、监测与评价、规划、金属矿冶区/能源矿山/非金属矿区/砂石矿废弃地修复技术、典型实践案例等已取得的理论创新性成果和技术突破进行系统整理,综合反映了该领域的研究内容,系统化、专业化、整体性较强。本套丛书将是该领域的第一套丛书,也是该领域科学前沿和国家级科研项目成果的展示平台。

本套丛书通过科技出版与传播的实际行动来践行党的十九大报告"绿水青山就是金山银山"的理念和"节约资源和保护环境"的基本国策,其出版将具有非常重要的政治意义、理论和技术创新价值及社会价值。希望本套丛书的出版能够为我国矿区生态环境修复事业发挥积极的促进作用,吸引更多的人才投身到矿区修复事业中,为加快矿区受损生态环境的修复工作提供科技支撑,为我国矿区生态环境修复理论与技术在国际上全面实现领先奠定基础。

干　勇　胡振琪　党　志

柴立元　周连碧　束文圣

2020 年 4 月

前　　言

  矿山开采活动产生了复杂多样、分布零散的裸露废弃地，容易引发地质灾害、水土流失等工程安全问题与土壤污染、地下水污染、植被系统破坏、景观质量下降等生态问题。在目前的生态治理工作中，往往比较重视工程技术的干扰，轻视植被生态恢复的重要性和可持续性。工程技术与植物配置技术分离，容易导致治理效果失败，后期植被退化，二次灾害频发，最终造成巨大的经济损失，不仅错过生态恢复最佳期，也给后期的养护、管理、投入等造成重大的负面影响。基于微立地理论的矿山废弃地植被恢复技术，是在传统森林立地研究的基础上，结合微观立地因子特性及关联规律，指导矿山废弃地微立地类型划分，实施有针对性的工程技术和植被技术措施，可以快速、高效地进行生态治理，对防治地质灾害、生态倒退、景观破坏、环境污染等问题有着积极性、基础性的现实意义。

  本书共6章，第1章概述矿山废弃地的形成原因和特征，以及目前矿山废弃地生态治理的进展和不足之处；第 2 章为微立地理论，详细阐述微立地理论的概念和应用概况，明确研究方法和数据处理原则；第 3 章为微立地条件，深入研究分析各类微立地条件，并对边坡进行稳定性评价，为指导微立地类型划分提供基础依据；第 4 章为微立地类型划分，通过对微立地因子体系调查研究，从两个层面对微立地类型进行划分，划分一级立地类型、岩质边坡微立地类型和堆体边坡微立地类型，构建微立地类型系统；第 5 章为微立地质量评价，阐述矿山废弃地微立地类型的特性，并对微立地类型进行标准化赋值评价；第 6 章为矿山废弃地植被恢复，明确矿山废弃地植被恢复的目标和原则，分析主要的工程技术体系，并将植物技术与其进行对接，建立与微立地类型的关联对应关系，可直接指导植被恢复工作的实施。

  本书由赵廷宁总体策划，由田涛（住房和城乡建设部标准定额研究所）完成全部书稿的撰写工作。其间田佳、骆汉、魏述艳等给予很大的支持和帮助，在此表示衷心的感谢！

  本书是在"建设工程损毁林地植被修复关键技术研究与示范"（编号：200904030）项目的支持下完成的。

  由于作者水平有限，本书难免存在不足或纰漏，敬请读者批评指正。

赵廷宁　田　涛
2019 年 12 月

目　　录

第1章　绪论 ···1

1.1　矿山废弃地 ···1

1.2　矿山废弃地治理 ···2

1.3　立地分类研究进展 ··3

第2章　微立地理论概述 ··7

2.1　微立地概念 ···7

2.2　微立地应用 ···8

2.3　矿山废弃地微立地类型划分与评价的思路与方法 ·······················10

2.3.1　微立地类型划分与评价的内容 ···11

2.3.2　微立地类型划分与评价的原则 ···11

2.3.3　微立地主要因子调查 ··12

2.3.4　微立地调查数据处理 ··14

第3章　微立地条件 ··17

3.1　海拔与地貌 ··17

3.2　坡度、坡高与坡向 ···17

3.3　太阳辐射 ···18

3.3.1　直接辐射日变化 ··18

3.3.2　直接辐射月变化 ··19

3.3.3　直接辐射与坡度 ··19

3.3.4　直接辐射与坡向 ··20

3.4　气温 ···21

3.5　空气湿度 ···22

3.6　地温 ···23

3.7　降水量、蒸散量与风速 ··26

3.7.1　降水量与蒸散量 ··26

3.7.2　风速 ···26

3.8　土壤水分 ···27

3.8.1　土壤平均含水率 ··27

3.8.2　坡向与含水量 ··28

3.8.3　土壤深度与含水量 ···29

3.9　土壤理化性质 ··31
3.9.1　土壤容重和孔隙率 ···31
3.9.2　土壤厚度 ··32
3.9.3　土壤硬度 ··32
3.9.4　土壤结构 ··35
3.9.5　土壤化学性质 ···36
3.10　边坡稳定性 ··37
3.10.1　粗糙度 ···37
3.10.2　风化程度 ···40
3.10.3　裂隙密度 ···40
3.10.4　裂隙宽度 ···40
3.10.5　裂隙填充物 ···41
3.10.6　浮石与涌水 ···41
3.10.7　边坡稳定性分析 ··41

第4章　微立地类型划分 ··47
4.1　微立地因子体系 ···47
4.2　一级立地类型 ···47
4.3　岩质边坡微立地类型划分 ··49
4.3.1　主成分筛选 ···49
4.3.2　岩质边坡微立地类型划分结果 ···································52
4.4　堆体边坡微立地类型划分 ··53
4.4.1　主成分筛选 ···53
4.4.2　堆体边坡微立地类型划分结果 ···································55
4.5　矿山废弃地微立地类型系统 ··57

第5章　微立地质量评价 ··61
5.1　微立地特性分析 ···61
5.2　微立地质量评价 ···64
5.2.1　指标权重 ···65
5.2.2　微立地质量评价结果 ···66

第6章　矿山废弃地植被恢复 ··71
6.1　植被恢复目标 ···71
6.2　植被恢复原则 ···71
6.3　工程护坡技术 ···71
6.4　植被恢复技术 ···74

6.4.1　植物种 ··· 74

6.4.2　植被群落 ··· 82

6.5　植被恢复技术建议 ··· 88

参考文献 ·· 101

附录 1　植物名录 ··· 105

附录 2　调查因子表 ·· 111

附录 3　微立地类型典型照片 ·· 113

第1章 绪 论

1.1 矿山废弃地

可持续发展是当今社会的主题。可持续发展就是要正确处理自然资源的永续利用与废弃物排放之间的关系，强化环境的价值观念和生态道德，促进土地资源的有效利用，抑制环境污染的发生，促进经济效益、社会效益和环境效益的协调统一。

在我国经济高速发展的过程中，矿山建设在给经济带来发展的同时，也带来了环境破坏的负面影响。矿区开发过程中经常产生大量的土石废弃地，导致原有的表土层和原生植被群落损毁殆尽，景观被严重破坏，以及发生一系列的环境问题，如水土流失、滑坡、泥石流、局部小气候恶化、生物链破坏等。矿山废弃地具有如下特点。

（1）占用大量土地。由于矿产资源的大量开采，剥离表土，破坏原生植被，形成大面积原生裸地，矸石、碎石、低品位矿石等无序堆放占用大量宝贵的土地资源。据统计，我国 20 世纪 50～90 年代，全国各项建设用地、弃地及浪费或因灾损失的耕地中，矿山占地高达 49.1%。2019 年全国矿区废弃地面积达 40 000 km^2，并以每年 330 km^2 的速度增加。

（2）破坏生态环境与景观。无论地上开采还是地下开采，都无法避免地造成地表景观的变化。地上开采剥离表土，明显改变了采矿场的地表景观。采矿剥离表土及废石堆占压地表，破坏了植被的生长基础。地下开采造成的采空区，易引起地面塌陷，造成地面建筑、道路等设施变形破坏，直接影响区域生态景观价值和生态服务功能的正常发挥。尤其是在风景区周边的关停废弃矿山，以及交通干线两侧的可视范围内都可以看到开采留下的痕迹，破坏了整个地区环境的完整性。

（3）污染周边环境。矿山的开采造成水土流失、土地沙化、地下水污染、土壤污染等一系列环境问题。矿石、废渣等固体废物中含酸性、碱性、毒性、放射性或重金属成分，通过径流和大气扩散，污染周围的土壤、水体、大气和生物环境，其影响面远远超过了废弃物堆置场的地域和空间。重金属污染是矿山废弃地普遍存在且最为严重的问题，特别是有色金属矿山废弃地常含有大量的有毒重金属。这些重金属能迅速向四周扩散并在土壤中积累，当积累达到一定量后就会对土壤植物系统产生毒害，不仅导致土壤退化、农作物产量和品质降低，还会通过径流和淋洗作用污染地表水和地下水。由于采矿占用的土地没有采取有利的恢复措施，造成土地质量下降，承载力减弱，土壤酸化、碱化、盐渍化、重金属污染、土壤板结等问题，需要花费大量人力、物力、财力去治理修复，要经过很长时间才能恢复，而且很难恢复到原有水平。矿山疏干排水及废水废渣的排放，破坏了地下水的均衡系统，导致区域性地下水位大幅度下降，水环境易发生变异甚至恶化，水资源逐步枯竭，地表水入渗或经塌陷灌入地下。矿山雨水淋滤采矿堆积的尾矿砂，下渗进入地下含水层,造成地下水的污染,废弃的坑道也可能成为地下水污染的通道。

（4）存在地质灾害隐患。由于地表缺乏植物保护,坡面冲刷强度加大,土壤侵蚀加剧,水土流失严重。地下开采后形成的空间必然要由上面或周围的岩石来填补,这样往往造成地表塌陷。地表坡度的改变破坏了地表物质的平衡临界状态,容易出现裂隙、滑动,继而出现大面积的山体滑坡。一些尾矿库由于长期堆放含酸碱浓度高、颗粒细的尾矿或泥灰状废弃物,一旦设施承受不了或遇到极端自然条件时,就会引发溃堤、垮坝、泥石流等灾害事故,淹没耕地,淤塞河道,损毁公路,造成严重的环境污染并威胁下游居民的生命财产安全（束文圣 等,2000）。这些灾害往往影响面积大,隐蔽性强,潜伏期长。

矿山废弃地往往是裸露的,处于没有土壤层或心土层暴露、土石堆积等状态,表面缺少有机质、土壤微生物、水分等植物赖以生存的条件。尤其是裸露的堆积体,将会增加地表径流流速,带动表土运动,造成严重的水土流失。废弃物中往往富含酸性、碱性、毒性或重金属成分,通过水土运动和大气扩散就会污染水体、大气、土壤、生物系统,造成更大面积的污染影响。最终,原有生态地貌支离破碎,与周边景观格格不入,直接降低了环境的服务功能和景观的连续性、统一性。

1.2　矿山废弃地治理

国外一些地区较早地开展了矿山废弃地治理工作,而且各具特色,积累了很多成功经验。从 20 世纪 30 年代开始,美国就在 26 个州先后制定了与露天采矿有关的土地复垦方面的法规,并于 1997 年 8 月正式颁布了《露天采矿管理与恢复法》。根据该法规的要求,所有的煤矿都要进行合理的复垦（胡振琪 等,2001）,矿山需要边开采边复垦,复垦率须达 100%。土地复垦已经成为美国采矿工作的一部分。法国十分重视露天排土场的活化土壤,复土植草,以达到复垦新农田。治理过程经历了三个阶段：一为实验阶段,研究多种树木的效果,进行系统绿化,总结开拓生土、增加土壤肥力的经验；二为综合种植阶段,筛选出生长良好的树种进行大面积的种植试验；三为树种多样化和分阶段种植阶段,合理安排农、林业,种植一些生命力强的树木和作物。英国通过立法要求采矿后必须复垦,明确复垦资金来源。复垦土地用于农、林业,重新创造了一个合理、和谐、风景秀丽的自然环境,复垦时注意地形地貌,要形成一个完美的整体。澳大利亚是以矿业为主的国家,要求将复垦变成开采工艺的一部分,采用综合模式,多专业联合投入,由高科技指导和支持,实现了土地、环境和生态的综合恢复。德国是从 20 世纪 20 年代开始矿区修复工作,政府从法律上明确了企业要承担的治理环境、恢复生态的责任。

我国的矿区生态修复工作始于 20 世纪 50 年代,是对个别矿山自发进行的一些小规模修复治理。到 80 年代,矿山治理工作从自发、零散状态开始转变为有组织的修复治理。1988 年颁布的《土地复垦规定》和 1989 年颁布的《中华人民共和国环境保护法》,标志着我国矿区生态环境修复走上了法制化的轨道。但是,我国现有国营和个体矿山企业众多,因露天开采、开挖和各类废渣、废石、尾矿堆置等破坏与侵占的土地面积巨大（刘仁芙, 2002), 但全国土地复垦率却很低, 尤其是露采矿山的生态恢复率更低, 分布在城市周边、交通干线两侧及主要风景区内的废弃矿山已成为可持续发展和生态文明建设的障碍。

我国矿山废弃地的生态恢复工作主要经历了 4 个阶段: ①20 世纪 50～60 年代, 以实现矿山土地可进行农业耕种为目标的植被恢复; ②20 世纪 70～80 年代, 以矿山土地资源稳定与持续利用为目标的环境工程恢复工作; ③20 世纪 90 年代, 在矿山废弃地基质改良方面更加重视生态学理论的运用; ④21 世纪以来, 以矿山生态系统健康与环境安全为目标的生态恢复。由于我国矿山废弃地生态治理起步较晚, 发展历程漫长, 虽然近些年引进了很多新的技术和理论, 但是应用时间短, 没有形成全国性的开发应用技术体系, 在生态治理观念、基础理论研究、工程技术开发等方面与先进发达国家都有一定的差距, 主要体现在: ①观念与技术落后, 对矿山废弃地仍多采用传统工程防护措施, 影响周边景观的融合和生态系统的恢复; ②应用研究不够系统, 缺乏基础理论研究, 尤其是在裸露边坡立地类型对植被恢复的影响研究十分缺乏; ③绿化方法不当, 绿化工程质量较差, 对绿化理念认识的不足往往导致快速绿化后, 植被群落的不稳定和退化, 不能有效地维持治理的生态效果。

因此, 对矿山废弃地的生态治理要从思路上优化传统造林绿化的思维方式, 结合现代恢复生态学、植物群落学等理论, 尊重植物群落演替的自然规律, 充分发挥植物的自身修复机能, 增强生态的可持续性发展, 减少恢复后的二次创伤。这就需要探索一种具有创新性的微立地理论和技术体系, 帮助矿山废弃地生态恢复工作的有效进行。

1.3　立地分类研究进展

传统森林立地是指林业用地中体现气候、地质、地貌、土壤、水文、植被及其他生物等自然环境因子的综合作用所形成的各种不同立地条件的地段。森林立地的研究始于 19 世纪末, 主要研究造林地的立地因子、分类、评价等内容 (Bradshaw, 1997)。通过森林立地研究能够选择最有生产力的造林树种和适宜的造林、育林措施, 从而估算将来林地生产力及木材产量。

森林立地分类是指对林业用地的立地条件、宜林性质及其生产力的划分, 是营林和造林的重要理论基础, 可以科学地确定造林营林措施, 达到造林营林的生态、经济目的。森林立地分类的研究始于 18 世纪末到 19 世纪, 研究内容主要体现在以下几方面。

(1) 植物指示途径。运用指示性植物或植物群落作为立地质量和划分立地类型的标志。在认识天然植被和土壤一致性的基础上, 1926 年芬兰的卡扬德提出森林类型的理论, 即以林下指示性强的植物及其所反映的有代表性的森林类型为划分立地的条件, 并用来估测林地生产能力。当植被未遭受破坏时, 可以用植被的指示作用来划分立地类型。

(2) 林木生长效果途径。用地位级、立地指数、林分收获量等指标确定地力等级高低, 通过野外观察, 用数量化理论、逐步回归、主成分分析等数学方法找出影响生产力的主导因子,划分立地类型,编制立地(或地位)指数表等。此法常用于人工林。

(3)环境因子途径。通常用气候、地形、母岩、土壤等立地要素直接划分立地类型。主要用于被破坏原始森林、没有立木的草原甚至无林地。有气候指标法、地质地貌法、地理学的土地类别划分法,以及土壤立地法。从数量化理论到多元分析入手的近代数学,已被广泛应用于立地评价和分类。乌克兰学派、德国巴登–符腾堡、北美安大略分类方案等都可以看作是以环境因子分类立地的方法,但学派之间各有侧重点。

(4)综合立地分类和评价。立地质量是影响林地生产能力诸因素的总和。在立地分类和评价时,考虑的因素越多,则对立地生产潜力的估测越准确。1936年德国的G.A.克劳斯用多因子分析估测了立地生产力及立地势能,之后发展为联邦德国的巴登–符腾堡系统。它在综合运用多学科分析复合因素的基础上,发展了森林的立地分类和制图,成为林地经营的依据,同时也作为研究森林发生、生长、产量、造林土壤和病理学的基础。此外,1952年加拿大的G.A.希尔斯所创的地文立地类型,引用了生态系统观点,后又由美国的B.V.巴恩斯于1982年进一步发展为生态立地分类。

20世纪50年代立地学说在我国得到广泛引用,最开始采用苏卡切夫的生物地理群落学与波格来勃涅克的生态学理论进行立地类型划分;60年代,由于电子计算机和多元分析方法的兴起,数量分析被广泛应用,但是还需用生态学的专业知识去进行解释和判断(王高峰,1986);70年代,我国南方的杉木立地分类、黄土高原立地条件类型划分、黑龙江省帽儿山次生林立地分类与评价等研究成果得到应用,其中以宫伟光等(1992)的综合多因子分类的5级分类系统最具特色;90年代中期,顾云春等(1991)首次提出立地由基底、形态结构、表层特征、生物气候条件四大立地条件组成的观点,比用地质、地貌、植被、土壤等刻画立地要素要更准确、更形象,立地要素方法明确了立地分类的原则与立地分类的依据,提出从高级到低级的五级分类单元和一级辅助单位的新的立地分类系统,比较符合中国自然地理特点。随着林业科技水平的发展,国内对立地条件的研究逐渐加深,并由低层次向高层次、定性描述向定量分析方向发展。

1995年发布的《中国森林立地类型》(中国森林立地类型编写组,1995),它的分类系统的级序是:立地区域、立地区、立地亚区、立地类型小区、立地类型组、立地类型6级,该系统的前3级是区划单位,后3级是分类单位。森林立地分类中的最小单位是"立地类型",体现在小地形、岩性、土壤、水文条件、小气候及植物群落上都是基本一致的地段,在林分生产力或森林培育、经营的适宜性和限制性方面与其他类型有着显著的差异,且构成一定的面积。其类型划分重要依据一般是土壤的质量和容量因素,也有岩性、植被等因子的局部差异,命名方式是按照主导因子进行。沈国舫(2001)也认为立地条件类型是立地分类中最基本的单位。

2003年发布的《全国林业生态建设与治理模式》(国家林业局,2003)认为,构成生态环境的各个要素相互联系、相互影响,但各个生态因子的地位与作用并不相同,主要生态因子决定和制约着次要生态因子的状况和变化。不同的生态环境有不同的主导因子和次要因子组合。区划时要在分析各个自然因素间因果关系的基础上,从中寻找出1~2个主导因素,以便用来确定相应的区划单元界线。于是,将我国的林业生态建设与治理区划单元划分为区域、类型区与亚区 3 个等级,各等级区划单元的命名主要遵循标明地理空间位置,准确体现各级区划单元主要特点,文字简明扼要且易被理解接受等原则,区域主要按地理位置或水系命名,把全国 8 大区域分别称为黄河上中游区域、长江上游区域、三北区域、东北区域、北方区域、南方区域、青藏高原区域、东南沿海及热带区域;类型区主要按地理区域或水系、山脉+大地貌命名,如西南高山峡谷类型区、四川盆地丘陵平原类型区、大兴安岭山地类型区等;亚区按地理位置或水系、山脉+中地貌命名,如三江平原西部亚区等。

综上所述,以往几乎所有的立地分类研究都是为了进行森林经营和造林设计,所划分的立地类型都是立足宏观角度,从大尺度上对自然森林或者林业种类进一步划分和确定立地类型。但是,在对具体微型立地条件下的立地类型划分却有不足之处,森林立地类型划分过于粗糙、尺度较大,不能指导具体的绿化工作,尤其是对无林地裸露区域的立地类型,提及较少,且没有具体的系统分类,针对人为破坏的矿山废弃地的立地类型的研究就更加鲜见。

我国矿山废弃地复垦的研究较多,矿山废弃地立地分类的研究相对缺乏,尤其是在结合区域特点而划分立地类型的研究少之又少。根据我国国情,深入研究矿山废弃地不同类型的生态恢复技术和模式是矿山生态恢复与重建工作的基础工作和首要问题,是提高植被成活率和生长率的重要科学措施。因此,需要一种适用于矿山废弃地立地类型的方法,这种方法应该建立在森林立地分类的基础上,既要和它们进行衔接,又要与它们有所区别,在造林前就要调查需要造林地的各项立地因子,划分立地条件类型,有针对性地采取相应的措施,才能提高绿化的成功率,收到良好的效果。

第 2 章 微立地理论概述

2.1 微立地概念

微立地是微地形地貌（坡面倾斜度、坡面所处位置、坡面形状和坡面朝向）和表层土壤特征存在差异的地块，是由于局部的地形差异、土壤差异、小气候差异等形成的立地条件差异影响（Stathers et al.，1990）。这是在森林立地的范畴内将生态因子与地形因子综合起来，采用较小的尺度，并与实际需求、立地条件差异、植物搭配等因素紧密联系，在适地适树原则下，进行科学深入的研究。这种微立地的理论思想很便于指导矿山废弃地植被恢复工作，每个矿山废弃地环境都相对独立，而又有共性特点，因此，研究微立地条件的方法指导矿山废弃地植被恢复也逐渐受到重视。

国外的研究者大都从微立地环境因子入手，研究各种因子对环境的影响，来说明微立地的重要性。在北美人工林营造中发现，由于微立地类型不同，各种立地因子如土壤水分、养分、温度、光照等状况也会不同，影响群落的镶嵌、多样性和演替进程（Clinton et al.，2000；Ewald，1999；Kuuluvainen et al.，1998；Titus et al.，1998；DeLong et al.，1997；Ponge et al.，1997）。又如，光因子影响种子的萌发、幼苗的生长和存活，在对热带雨林 3 种龙脑香科树种的幼苗进行了长达 6 年的监测研究中发现，幼苗在林隙中央高度最大，在林隙边缘或林下其生长较慢，数量也较少，说明荫蔽影响非常显著（Brown et al.，1996）。此外，微地形对种子的局部扩散影响也比较大，种子更容易集中在沟、坑、洼内，从而影响幼苗的分布（Andrew et al.，1997）。国外很多学者认为微立地类型是由地形和土壤性质的差异、各种生态因子（如土壤水分、养分、温度、光照等）状况的不同（DeLong et al.，1997）、构成林地环境的空间异质性（Clinton，2000；Ewald，1999；Kuuluvainen，1998；Titus，1998；Ponge et al.，1997）等来区别的。

国内的一些学者也初步利用微立地方法对生态重建工作做了研究，陈迪马等（2005）指出天山云杉林微环境综合因子包括苔藓、草本、空间距离、腐殖质和枯落物，最主要的微环境综合因子为枯落物和空间距离。郁闭度的大小对水曲柳的天然更新幼苗的分布影响较大，是微立地的一个重要影响指标（韩有志 等，2000）。王庆成等（2001）采用较小立地尺度对土壤水分物理性质的变化及与水曲柳生长的关系进行研究，发现不同微地形使得生态因子发生再分配，造成了土壤水分–物理性质的差异性。李一为等（2006）在 108 国道门头沟段利用微立地方法研究了沿线植物分布特征及边坡绿化植物的选择与配置。杨俊等（2008）研究了微立地因子对脂松幼林生长的影响，采用较小尺度测定与单株林木生长空间相关的土壤物理性质，发现不同微立地类型的土壤物理性质差异显著，地形因子对脂松幼林的树高生长和胸径生长都有显著影响。赵廷宁等（2008）在 5·12 汶川地震所产生的滑坡、泥石流、崩塌等地质次生灾害的防护和植被重建工作中,探索了微立地因子植被恢复法进行生态重建的研究。强勇华(2006)采用了多因子综合法对宣城市石灰岩山地立地类型划分进行研究,选定了地形因子、土壤因子、水文因子、生物因子、人为活动因子、特殊因素(特殊小地形、土壤、堆积形式)等将石灰岩山地划分为 7 个地形组和 7 个亚组。滕维超等(2009)指出土壤因子和地形因子在立地分类中的作用更为突出。王富等(2008)在研究淄博破坏山体的立地因子中,选定了破坏山体外貌形态、坡度、高度、砾石含量、土层厚度 5 个因子作为影响破坏山体微立地分类的主导因子,并划分了破坏山体微立地类型的因子等级与量化标准,根据量化标准分为 7 个立地类型,根据立地条件的具体差异,进一步细划为 16 个立地亚型。

　　综上所述,在研究微立地过程中,都是依据经验对某一区域先人为地选定若干限制因子,再进行调查和数据分析,最后再进行立地类型划分,这样做的优点是可以对这一区域有针对性地进行设计分类,但是在多元化的立地类型划分上有着局限性。传统的立地类型划分与立地质量评价在一定程度上能反映出立地生产力的差异,但是采用的空间尺度较大,对立地内部小尺度立地(微立地)的变化未给予充分的重视(王庆成 等,2001)。到目前为止,对微立地类型的系统性研究仍然很少,还没形成完整的微立地指标体系和分类体系。本书采用广泛调查→因子筛选→统计分析→立地类型划分的程序进行研究,指导一定范围内的微立地类型统一划分,有利于实际工程应用。

2.2　微立地应用

　　矿山废弃地是已经失去了传统的森林立地因子的特殊困难立地类型,要对其进行植被生态恢复,就要对其立地因子和类型进行深入的分析研究,才能有效地指导工程技术和植被技术的实施。

　　为达到植被附着、生存、生长、演替发展的功能,就要了解各个限制因子的影响情况,建立矿山废弃地植被恢复立地条件限制因子体系,找出主成分限制因子序列,有针对性地进行绿化基础工程和植被工程,才能更加科学、合理、有效地实施生态修复工作。在对裸露边坡的植被恢复研究中,有很多学者从宏观领域到微观条件都进行了深入的探索,在立地因子与植被恢复的关系对应建立上有着重要的成就。

　　莫春雷等(2014)在对洛阳锦屏山高陡岩质边坡植被修复的立地条件研究中发现,植物修复的难点在于缺乏植物生长所需的水分和养分,可以营造植物生长的小生境,因此,对于无土壤层的高陡岩质边坡来讲,岩石裂隙是植物生长的重要立地条件。莫春雷等(2014)还总结了高陡岩质边坡植物生长应具备的立地条件:①岩壁的裂隙发育;②裂隙内存有供植物生长的水分和养分且能得到及时补给;③裂隙内的温湿度等条件在植物生长的耐受范围内。余海龙等(2014)在内蒙古矿区边坡植被恢复的研究中,通过对内蒙古中东部若干在建和已建成矿区边坡进行关于坡度、母质、气候、土壤、植被等因子的研究,得出了该区域矿区边坡的特点:①坡度陡、坡面高;②坡面物质硬度高,养分低;

③土体构造不良,原有的土壤植被系统受到彻底破坏,植被难以自然生长;④气候干旱、水分条件差。他在此基础上提出了对应的植被护坡模式和施工工艺。

门头沟区是北京的主要矿业基地,百余年对砂、石的大量开采,产生了大量的矿山废弃地,近些年进行了探索性的生态修复工程,苗保河等(2011)初步对矿山废弃地的立地条件与植被恢复技术进行了对应研究(表 2.1)。

表 2.1　门头沟区植被恢复类型及坡面特征

恢复技术	坡型	坡向	坡度/(°)	岩土特性	优势物种	群落类型
挂网喷播	路堑边坡	阴阳坡	55~80	裸岩覆土	油蒿	草本
客土移栽	路堑边坡	阳坡	10~15	裸岩覆土	白杨	灌木
植生袋	路堑边坡	阳坡	30~35	裸岩	黑麦草	草本
挡土工程	路堑边坡	阴阳坡	45~52	裸岩灌浆	栾树	灌木
框格防护	路堑边坡	阳坡	35~37	裸岩	荆条	灌草
人工景观	石灰矿,分阶边坡	阳坡	45	裸岩覆土	侧柏	灌草
保育棒	路堤边坡	阴坡	65~67	裸岩覆土	苜蓿	草本
容器苗	路堤边坡	阴阳坡	45~46	裸岩覆土	柳树	灌木

陈黑虎(2014)在福建柏的造林技术研究中,根据林场试验地的立地条件进行调查分类,将研究区定为闽东南低山丘陵立地亚区,立地级别为肥沃级 I、较肥沃级 II、中等肥沃级 III,并以土壤类型、土层厚度、坡位和坡度为主导因子去了解立地类型。最终将该区的立地类型划分为:中低山坡下部中厚土层中厚腐殖质层壤土、中低山坡中下部中厚土层薄腐殖质层壤土、中低山坡上部中厚土层薄腐殖质层壤土 3 个立地类型。

姜韬(2014)在阜新煤矸石堆积地立地条件研究中,通过对排矸年限、风化层厚度、剖面特征、理化性状等因子分析,将煤矸石堆积地土壤划分为 3 类:I 类为风化良好的矸石土,II 类为风化中等的矸石土,III 类为风化较差的矸石土,为植被恢复物种选择奠定了基础。

山寺喜成等(山寺喜成,2014,1986;山寺喜成 等,1997)在长期的对山体、大坝、道路等大型边坡的植被恢复研究和工程实施中发现,坡面绿化目标群落类型与坡面形态、周围环境条件有密切关系(表 2.2),对坡面绿化有宏观的限制性;并且坡度对植物生长发育影响明显(表 2.3),直接影响植物种的选择;并经过实践工程研究得出了坡度、质地、坡向等立地因子还与植物形成株数、种子发芽率、基材喷附厚度、施工期、播种量等有着密切制约关系。

表 2.2　坡面绿化目标群落类型

项目	乔木型	灌木型	草原型	特殊型
适用范围	周围为森林、平缓坡面、自然公园、填土坡面、平坦地面等	周围为杂木林、陡峻坡面、风害地采石迹地、石质山地等	周围为草原、农地、砂浆喷附处理坡面、暂时性防止侵蚀处理坡面、都市近郊等	城区、城郊、娱乐游览地、公园内、道路立交枢纽等

续表

项目	乔木型	灌木型	草原型	特殊型
使用植物群落	以乔木、亚乔木为主体的群落	以亚乔木、灌木为主体的群落	以草本植物为主的群落	特殊群落,人工群落,常绿阔叶树种单纯群落,草花、地被植物,花木、果树栽植群等

表 2.3　坡度与植物生长发育的关系

坡度/(°)	植物生长发育情况
>30	可以恢复为乔木树种占优势的植物群落;乡土物种容易侵入,且生长良好,有效减少表层侵蚀
30~35	植物生长发育旺盛;闲置条件下,周围植物能自然侵入形成群落的界限坡度为35°
35~45	植物生长发育良好;可以形成亚乔木、灌木占优势的群落,以及草本覆盖地面的植物群落
45~60	植物生长发育较差;侵入种类减少,可以形成由灌木或者草本类组成的低矮植物群落。若引种乔木,会造成坡面的不稳定性增加
>60°	植物生长发育显著不良;树木低矮,草本植物易造成坡面衰退。通过引种灌木类植物,通过根系延伸进入裂隙、节理中,加强山体稳定性

　　同时,矿山废弃地的土壤质地对植被基础工程也有重要的选择影响,研究发现其土壤硬度直接的影响植物的生长和发育状况(表 2.4)。

表 2.4　土壤硬度对植物生长和发育的影响

土壤硬度(山中式硬度计)	植物生长发育情况
<10 mm	若土壤干旱,植物不能正常发芽
黏土 10~23 mm、砂土 10~25 mm	植物的地上、地下部分均生长发育良好;适宜林木栽植
黏土 23~30 mm、砂土 25~30 mm	一般不利于植物根系发育;易早衰,不适宜林木栽植
>30 mm	植物根系不能正常发育,生长发育困难
软岩、硬岩	植物根系不能延伸

　　此外,微环境气候、地质地形条件、土壤理化条件、降水量、气温、地温、太阳辐射量、风速等都对矿山废弃地的植被恢复有着重要的影响。因此,微立地的各种因子对植被修复起着重要的制约作用。

2.3　矿山废弃地微立地类型划分与评价的思路与方法

　　鉴于矿山废弃地立地类型在区域上有较大的差异性,本书以华北地区为主要研究区域,以北京市及周边的矿山、矿区等裸露的边坡为研究对象,开展矿山废弃地微立地类型划分与评价。

2.3.1　微立地类型划分与评价的内容

（1）矿山废弃地微立地类型划分主导因子确定。通过微立地因子间的关联分析，进行分项研究，找出影响矿山废弃地植被恢复的主要影响因子体系，筛选影响各种地形的共同影响因子，再针对具体矿山废弃地类型进行微立地因子确定，为立地类型的划分提供依据。

（2）矿山废弃地微立地因子指标体系构建。对典型矿山废弃地的微立地条件进行调查，调查人为动态干扰对植被恢复的影响过程，不同干扰类型下的微地形地貌、地表物质组成、土壤（或母质）理化性质，以及植被自然恢复及人工恢复状况等。主要是从地质、地貌、地形、母质、土壤、水土流失、地质灾害、微气候等方面对露天矿、排土场、煤矸石堆积场、尾矿库、堆料场、道路大面积废弃地等不同植被困难立地的生态修复制约因子进行野外广泛调查，建立一套微立地评价因子体系，用来指导调查、微立地分类。

（3）矿山废弃地微立地类型划分与评价。在立地因子主导因子筛选出后，进行室内实验处理和分析，将各类立地因子通过统计、打分等手段进行量化，然后对主要因子进行主成分分析和聚类研究，根据实际情况和数据结果，按照立地因子的贡献值进行排列划分，在分级的基础上将每类微立地类型的立地特性列表描述，形成类型与属性对应的矿山废弃地微立地类型体系，使分类结果更加清楚、易懂、易用，指导立地评价和选取植被措施。

（4）植被恢复建议。在对周边自然植被进行调查的基础上，分析植被分布情况和植被群落特点，结合矿山废弃地类型体系提出有针对性的植被配置技术，为矿山废弃地生态治理提供科学的依据。

2.3.2　微立地类型划分与评价的原则

矿山废弃地微立地类型的划分，既要坚持科学性原则又要坚持实用性原则。科学性就是微立地类型的划分能客观反映自然条件的分异规律，并能做出切合实际的立地质量评价。实用性就是微立地类型的划分要对矿山废弃地植被恢复有指导意义，具有推广性、易操作性，同时还要兼顾以下原则。

（1）综合性原则。微立地类型是由土壤、气候等多种因子构成的，这些因子互相影响而起作用。必须综合、全面地考虑各因子及其之间的联系，以及它们对矿山废弃地植被恢复的影响。

（2）主导因子原则。微立地类型的各因子性质不同，对立地的影响也各不相同。微立地类型划分必须找出各因子之间的差异，进行对比分析，从而得到对立地影响较大的主导因子，作为微立地类型划分的基础。

（3）多级序原则。多级序是自然科学的普遍现象。微立地类型划分时按照各因子的空间控制程度不同，进行逐步、等级分明的分类。

（4）简明实用性原则。微立地类型划分反映了客观规律，但目的是要服务于实践。矿山废弃地的微立地类型划分是为了边坡能够得到更好的绿化，因此要做到直观、稳定、易辨。

采用野外调查研究和室内试验相结合的技术路线,利用相关性分析、显著性检验、聚类分析等方法研究微立地因子体系,利用定性与定量相结合的方法将调查因子量化和分级,建立数据库,进行主成分分析、逐步回归及聚类分析,进而建立矿山废弃地微立地条件指标体系和微立地类型划分。

2.3.3　微立地主要因子调查

（1）地形地貌。运用全球定位系统（global positioning system，GPS）、海拔仪等对每个边坡的地貌形态、经纬度、海拔等因子进行调查。

（2）边坡特征。运用罗盘仪、皮尺等仪器对研究区内选定矿区边坡的坡度、坡向和坡长等微立地因子进行调查测定。

（3）土壤厚度。土壤厚度是指土壤母质层以上到土壤表面的垂直深度。通过坡地法（图 2.1），把与地面垂直与水平面斜交的切面作为观察面,并在这个切面上测定土层厚度（张国正 等,1987）。

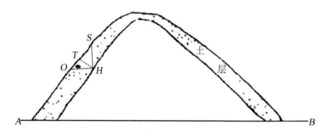

图 2.1　坡地土壤厚度测定示意图

SH 为土层假厚度, *TH* 为土层真厚度, *OH* 与 *AB* 为水平线

（4）土壤硬度。采用土壤硬度计,分别在坡上、坡中、坡下位置测定土质矿区边坡的土壤硬度,每个点测量 5 次。

（5）土样采集及处理。在每块典型样地中选择代表平均状况的地点挖掘一个土壤剖面,对于受人为干扰的裸地来说,取表层土壤（母质）进行相关项目测定;对于已经进行生态治理的植被恢复样地,选取足够典型样方。测定方法采用《中国林业标准汇编》（营造林卷）（中国标准出版社,1998）的常规分析方法。

（6）岩质边坡粗糙度。粗糙度（粗糙高度或粗糙参数）,是用来表示地表单元粗糙程度的一种空气动力学参数,其量纲是长度单位。边坡的粗糙度一般与气流无关,而是取决于边坡粗糙单元的大小、高度、种类、形状和排列方式等（李振山 等,1997）。边坡粗糙度会影响喷播层的稳定性、含种子植被毯与坡面的接触度、植物的发芽生长等（黄小刚,2011）。粗糙度的不同也会导致护坡和边坡植被恢复方式上的差异,因此将其作为边坡立地类型划分的一个因子进行调查分析。

蒙蒂思（Monteith,1973）总结了野外粗略调查的经验公式:粗糙度与粗糙单元平均高度 *h* 的比值为 0.13;但实际上这个比值是表面特征参数的复杂函数,如莱托（Lettau,1978）提出的公式为 $D=0.5L/h$,式中 *L* 为粗糙单元迎风面上的平均截距, *D* 为粗糙单元的平均间距,但是这些公式都带有局限性和经验性。粗糙单元的种类、大小、形状、高度、排列方式都直接影响地面粗糙性质(陈广庭,1997)。

目前还没有针对坡面的粗糙度的系统研究,因此,结合现场调查结果和实际需求,在前人的研究成果基础上,对不同坡面采用不用的粗糙度计算方法:①对于挖方岩质坡面,采用粗糙元平均高、粗糙元面积比、多元性、破碎程度等因素综合判定的方法;②对于堆体边坡,采用坡面表层颗粒粒径来判定。测量方法采用目视法对整个边坡的粗糙情况进行分区,选好基准面,对可以作为各区标准或平均粗糙度的边坡进行测定,选取最大值作为边坡粗糙度的代表值。测量过程如图 2.2 所示,测定时将花杆的一侧贴紧边坡的凸起部,按 20 cm 的间隔测定与花杆垂直方向上坡面与凸起部的距离并记录。

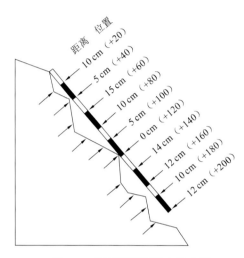

图 2.2　坡面粗糙度测定示意图

(7)岩质边坡裂隙密度和宽度。在 1 m×1 m 样方内边坡各种裂隙的长度总和即为岩质边坡的裂隙密度。裂隙宽度则为边坡所有裂隙宽度的平均值。它们表现了岩体在边坡开挖过程中受到多种应力而产生的破裂和变形的程度,对植物根系的生长发育有较大的影响。在岩质边坡的坡上、坡中、坡下 3 个坡位进行样方调查,样方大小为 1 m×1 m,记录单条裂隙的长度、宽度,以及裂隙的总条数。

(8)岩质边坡风化程度。岩石风化程度划分多采用工程地质定性评价方法,从岩石结构、岩石颜色、矿物成分、岩石破碎程度、掘进的难易程度等方面综合分析确定(《岩土工程手册》编写委员会,1998)。对岩质边坡进行样方调查的同时,对其干湿程度、冲风、结构破坏、矿物成分、颜色、锤击声等方面进行定性调查。

(9)太阳辐射。为研究太阳辐射的变化规律,对矿区区域的不同微立地类型进行太阳辐射测量观测。实测数据的采集选择典型晴天运用 DFY1 型直接辐射仪及 DFY2 型天空辐射仪在矿区路面、边坡、坡顶等不同地点测量其直接辐射、天空辐射和地面反射。从太阳升起至落下,每个点每隔半小时定时测量,每次测得数据三项,每个项目各读取三次读数,取平均值。然后通过 ViewGIS3.0 软件的太阳辐射模块对太阳直接辐射量进行模拟,进而对其时间及空间动态变化规律进行分析研究。

（10）植被调查。为了了解矿山废弃地及其周边自然区域的植被情况，对调查点周边区域进行植被调查，主要调查海拔、坡度、坡向、坡位等微立地条件下的植被优势群落、优势物种、数量、平均高、植被总盖度和护坡措施等。设置有代表性的 1 m×1 m、2 m×2 m、5 m×5 m、10 m×10 m 等标准样地，使用 GPS 对每一个样地进行定位，分别对自然植被、人工修复植被进行分类调查。

2.3.4　微立地调查数据处理

1. 建立观察值矩阵

为了将调查的微立地因子可数据化，将调查结果进行数据化处理。设某一系统状态最初由 p 个指标来表征，每一组观察值表示为 p 维空间中的一个向量 x_1，即 $x_1=(x_{11},x_{12},\cdots,x_{1p})$。有 n 个样本，每个样本观测 p 个因子，所得矩阵 X 为

$$X=\begin{bmatrix} x_{11} & x_{12} & \cdots & x_{1p} \\ x_{21} & x_{22} & \cdots & x_{2p} \\ \vdots & \vdots & & \vdots \\ x_{n1} & x_{n2} & \cdots & x_{np} \end{bmatrix} \tag{2.1}$$

2. 因子标准化

由于各指标的含义、计算方法不同，量纲也不同，运用（0，1）化法对指标数据进行标准化处理，得标准化观察矩阵 Z 为

$$Z=\begin{bmatrix} z_{11} & z_{12} & \cdots & z_{1p} \\ z_{21} & z_{22} & \cdots & z_{2p} \\ \vdots & \vdots & & \vdots \\ z_{n1} & z_{n2} & \cdots & z_{np} \end{bmatrix} \tag{2.2}$$

$$z_{ij}=\frac{\left(x_{ij}-\bar{x}_j\right)}{S_j} \tag{2.3}$$

式中：S_j 为变量 x_j 的观察值的方差。

$$\bar{x}_j=\frac{1}{n}\sum_{i=1}^{n}x_{ij} \tag{2.4}$$

3. 相关系数矩阵

设标准化后观察值矩阵中各指标的相关系数矩阵为 R，则有

$$R=\begin{bmatrix} r_{11} & r_{12} & \cdots & r_{1p} \\ r_{21} & r_{22} & \cdots & r_{2p} \\ \vdots & \vdots & & \vdots \\ r_{n1} & r_{n2} & \cdots & r_{np} \end{bmatrix} \tag{2.5}$$

$$r_{ij} = \frac{1}{n-1} \sum_{i=1}^{n} z_{ij} z_{ji}, \quad (i=1,2,\cdots,n;\ j=1,2,\cdots,p) \tag{2.6}$$

4. 方差贡献率

根据特征方程 $|\boldsymbol{R} - \lambda \boldsymbol{I}| = 0$（$\boldsymbol{I}$ 为单位矩阵），可以得出特征根 λ_k $(k=1,2,\cdots,p)$ 和 λ_k 的特征向量 $\boldsymbol{L}_k$ $(k=1,2,\cdots,p)$。特征根排序为 $\lambda_1 > \lambda_2 > \cdots > \lambda_p$，则特征向量排序为 $l_1, l_2, \cdots, l_p$。因而可知，第 k 个主成分的方差贡献率为 $\beta_k = \lambda_k \left(\sum_{j=1}^{p} \lambda_j \right)^{-1}$，前 k 个的累计贡献率为 $\sum_{j=1}^{k} \lambda_k \left(\sum_{j=1}^{p} \lambda_j \right)^{-1}$。

5. 权重值的确定

设已确定 m 个主成分，前 m 个主成分的贡献矩阵为 $\boldsymbol{A} = (\lambda_1, \lambda_2, \cdots, \lambda_m)$，也可以得出原始指标在前 m 个主成分上的贡献矩阵 $\boldsymbol{L} = (l_1, l_2, \cdots, l_M)$，则可得出各指标对总体方差的贡献率矩阵 $\boldsymbol{F}$，$\boldsymbol{F} = \boldsymbol{AL} = (f_1, f_2, \cdots, f_m)$，$\boldsymbol{F}$ 中各元素的值即为相应因子的权重。

第3章　微立地条件

3.1　海拔与地貌

海拔因子是气候、土壤等自然因子的综合反映（特别是在山区）的基础，可运用海拔仪对研究对象的海拔因子进行实地调查测定。根据矿山废弃地分布特点，调查废弃地都分布在海拔 800 m 以下，为低山类，大致可以按其海拔分为三个等级：0～150 m、150～400 m、400 m 以上，分别取名为近平原区、中海拔区、高海拔区。基于对北京地区研究，高海拔区的研究对象主要是分布于延庆、怀柔和房山部分山区的矿山；中海拔区的研究对象主要是分布于密云、房山、门头沟等地区的矿山；近平原区的研究对象主要是分布于昌平、海淀、平谷等地区的矿山。

3.2　坡度、坡高与坡向

边坡的坡度、坡向和坡长等特征通过影响坡面太阳辐射的接收量、水分再分配及土壤的水热状况等来对植物的生长发育产生明显的影响（岳鹏程 等，2007）。在调查过程中，坡长难于精确测量，可以通过坡度与坡高计算取得；并且坡高与边坡稳定性联系紧密；坡度与土壤厚度、植被定居等有着密切关系；坡向与太阳辐射量直接相关。因此，坡度、坡高、坡向 3 个边坡因子可作为边坡特征。

调查废弃地的边坡坡度主要集中在 25°～80°，边坡高度多在 100 m 以内。有研究表明：30°～40°坡度是挖方边坡基岩滑坡的常发坡度，松散堆积层滑坡一般发生在坡度 20°以上的边坡上（段海澎，2007）。因此，根据调查统计情况，可以把调查的矿山废弃地按坡度和坡高进行类型划分（表 3.1、表 3.2）。

表 3.1　调查矿山废弃地的坡度分类

因子	缓坡		斜坡		陡坡		倒坡	
	挖方坡	堆积坡	挖方坡	堆积坡	挖方坡	堆积坡	挖方坡	堆积坡
坡度/(°)	≤30	≤20	30～45	20～30	45～90	30～45	>90	—

表 3.2　调查矿山废弃地的坡高分类

因子	超高边坡		高边坡		中高边坡		低边坡	
	挖方坡	堆积坡	挖方坡	堆积坡	挖方坡	堆积坡	挖方坡	堆积坡
坡高/m	>30	>15	15～30	10～15	8～15	6～10	<8	<6

根据调查统计结果,对植物类型影响最大的是坡向,尤其是向阳坡(南向)和背阴坡(北向)差别明显,而东向、西向边坡的植被差别较小,因此可将边坡朝向划分为阳坡、阴坡、阴阳坡。

3.3　太 阳 辐 射

太阳辐射是植物生长必需的能量来源,但是,由于地面起伏变化造成局部地面接收阳光的状况存在很大的差异。太阳辐射到地面还存在一个重新分配的过程,不同的坡度、坡向、坡形、坡位都会造成所受太阳辐射量的不同。同时,也直接影响诸如土壤温度、土壤水分及植被生长适宜性程度等。

图 3.1 为某日太阳辐射典型日变化规律。由图 3.1 可以看出,天空辐射和地面辐射的日变化依然遵循先增大后减小的变化规律。与太阳直接辐射值相比,天空辐射强度的值较小(贺庆棠,2006)。太阳直接辐射对植物生长产生的影响最大,对太阳直接辐射的深入研究具有代表性的意义。通过对不同地形条件下太阳直接辐射进行方差分析发现,地面、坡面及坡顶的太阳直接辐射受地形因素影响比较显著。

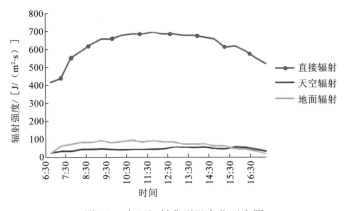

图 3.1　太阳辐射典型日变化示意图

3.3.1　直接辐射日变化

图 3.2 为太阳直接辐射的日变化规律。由图 3.2 可以看出,太阳直接辐射强度日变化呈明显的两低一高的单峰曲线变化(刘志龙 等,2009),也就是早晚小、中午大的变化规律,这是因为太阳高度角从早上开始逐渐增大,太阳垂直穿过大气层厚度最小,所以太阳垂直面上的光线强度也随之增强。太阳直接辐射强度在一天当中的最大值出现在正午前后,在 11:00~13:00。另外,太阳的直接辐射日变化曲线还表明,直接辐射强度在上午上升过程中的速度和下午的下降速度比较快,而在正午前后变化则比较缓慢。这是由于在太阳高度角低的早晚时刻,因为大气质量改变迅速,所以垂直光线面上的辐射强度变化最快。当正午前后时,大气质量相对稳定,直接辐射强度的变化也就相对较小,对应时段的

曲线变化也就相对比较平缓（胡列群，1996）。

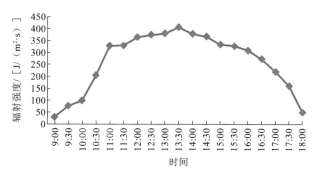

图 3.2　太阳直接辐射的日变化示意图

3.3.2　直接辐射月变化

图 3.3 为太阳直接辐射的月变化规律。由图 3.3 可以看出，华北地区的太阳直接辐射随月份的变化呈单峰式的变化规律，即 7 月太阳直接辐射量最大，依次向两边递减。1～7 月，太阳直接辐射量逐步升高，在 7 月达到最大值。7～12 月，太阳直接辐射量逐月降低，其中 8～11 月降幅明显。影响达到地面太阳直接辐射强弱变化的因素有很多，决定太阳直接辐射月变化规律的主要因素是太阳的运行规律，即达到大气层顶的太阳辐射随太阳位置而变化。

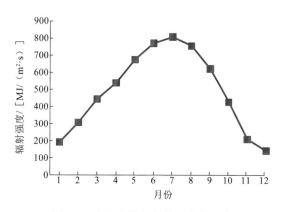

图 3.3　太阳直接辐射的月变化示意图

3.3.3　直接辐射与坡度

图 3.4 为太阳直接辐射日均量与坡度的关系。由图 3.4 可以看出，随着坡度的不同太阳直接辐射量的变化也很明显：随着坡度的增加太阳直接辐射量是递减的。这是因为随着坡度的增大，有效接受太阳辐射量的面积逐渐减少，造成了接收辐射量的减少。

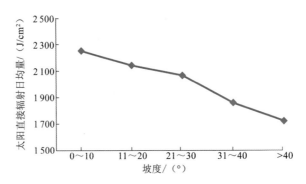

图 3.4　太阳直接辐射日均量与坡度的关系示意图

3.3.4　直接辐射与坡向

　　图 3.5 为不同坡向的太阳直接辐射规律。由图 3.5 可以看出，根据测算结果可以看出在任何坡度条件下，太阳直接辐射量在东南西北四个方向中都是南坡最大，东、西坡次之，北坡最小，并且东南坡和西南坡的太阳直接辐射量要大于东北坡和西北坡的太阳直接辐射量。坡向对太阳辐射的影响，主要体现在不同的坡向导致太阳光线的入射角不同，使得北坡、东北坡和西北坡向的地面所受太阳光照的时间要短于其他坡向。在一天之内，北坡、东北坡和西北坡向地面累积接收的太阳直接辐射日均量就要小于其他坡向。

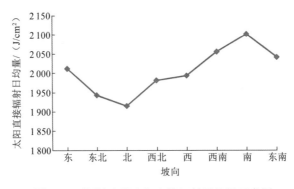

图 3.5　不同坡向的太阳直接辐射日均量示意图

　　图 3.6 为不同坡向的直接辐射日变化规律。由图 3.6 可以看出，阳坡、平地、阴坡的太阳直接辐射强度也都呈明显的两低一高的单峰曲线变化，阳坡、平地和阴坡也遵循早晚小、中午大的变化规律，通过计算阳坡、平地和阴坡的直接辐射日强度排序：阳坡最高，阴坡最低。

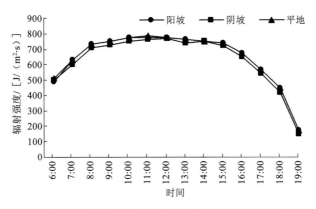

图 3.6　不同坡向的太阳直接辐射日变化示意图

3.4　气　温

气温的日变化规律研究选择与太阳辐射观测的典型日相同,由图 3.7 可以看出,在阳坡、平地、阴坡和中央隔离带 4 种地形条件下,气温的变化规律是完全一致的,一天中最高气温都出现在 12:00~14:00,最低气温出现在 5:00~7:00,且气温的升温过程比降温过程迅速,阳坡的气温明显高于阴坡。在气温的动态变化过程中,阳坡、平地和中央隔离带的变化基本保持一致,温度差距不大并且基本和阴坡每个时刻的气温值保持固定的值(2~3℃),即近似平行变化。

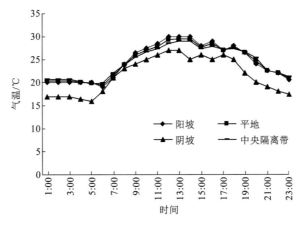

图 3.7　气温的日变化示意图

图 3.8 为不同地形条件下气温的月变化规律。由图 3.8 可以看出,阳坡、平地、中央隔离带的平均气温在各月中基本相同,而阴坡较低且与阳坡、平地、中央隔离带保持固定值(2~3℃)。气温的月变化规律为:无论在阳坡、平地、阴坡和中央隔离带,气温均为 6 月最高(中央隔离带,28.4℃),1 月最低(阴坡,−9.5℃)。极端高温在中央隔离带出现,为 39.7℃;极端低温也在中央隔离带出现,为−26.1℃;两者相差 65.8℃。

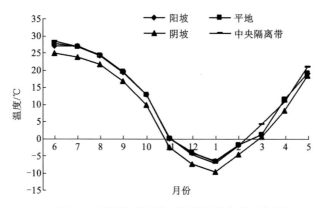

图 3.8　不同地形条件下气温的月变化示意图

通过方差分析,在显著水平为 0.05 的情况下,阳坡、平地和中央隔离带的气温没有显著差异,但是与阴坡有显著差异。

3.5　空 气 湿 度

图 3.9 为空气湿度的日变化规律。由图 3.9 可以看出,在与以上观测项目的同一日中,00:00~7:00 和 18:00~24:00 阴坡的空气湿度值在 4 个观测点中是最大的,平地的空气湿度最小。这是由于平地通风条件较好,而阴坡有较好的植被条件。通风良好有利于水分的蒸发和输移,而较好的植被条件有利于降低气温从而使水分蒸发缓慢。但是在7:00~18:00 这段时间里中央隔离带的湿度最大。通过分析其他日期的空气湿度变化发现都符合这一规律。从空气湿度的日变化(图 3.9)可以判断出,空气湿度的变化规律大体呈正弦曲线趋势。阳坡、平地、阴坡和中央隔离带的空气湿度均在凌晨 00:00~4:00和夜晚 20:00~24:00 达到最大;在午后 14:00 时左右降至最小,分别为 32.5%、28%、47.5%、59%。

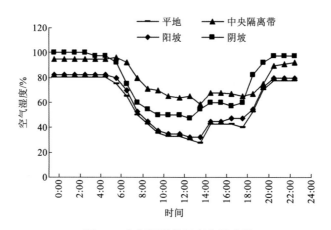

图 3.9　空气湿度的日变化示意图

图 3.10 为不同地形空气湿度的月变化规律。由图 3.10 可以看出,月空气湿度由大到小为：阴坡＞中央隔离带＞阳坡＞平地。在各月中,8 月的空气湿度最高,12 月最低。8 月空气湿度按照阴坡、中央隔离带、阳坡、平地的顺序分别为 84.6%、83.0%、66.8%、59%,12 月分别为 60.4%、56.7%、39.2%、35.0%。各月中阴坡空气湿度平均高出阳坡、平地和中央隔离带的 32.7%、50.5% 和 5.6%。通过方差分析,结果表明在显著水平为 0.05 的情况下,地形对空气湿度的影响差异是显著的。

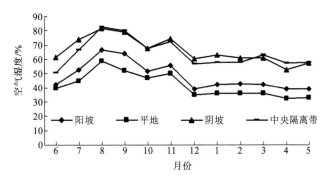

图 3.10   不同地形下空气湿度月变化示意图

3.6 地   温

图 3.11～图 3.14 为各坡向地温的月变化示意图。由图 3.11～图 3.14 可以看出,在同样的观测期内,不同地形下的地温的月变化均呈现出明显的波浪状变化趋势,这种规律与气温（如前所述）的变化规律相似,说明浅层土壤温度的变化与气温的变化是密切联系的,但是存在一定的滞后现象（王宝军 等,2009；关德新 等,2006）。

总体上看,40 cm 地温在 3 个深度中是最高的,10 cm 和 20 cm 地温受气温变化影响较大。10 cm 和 20 cm 地温表现出两种地温序列,为阐述方便,将从地表开始随着深度增加地温降低的地温序列称为正地温序列,反之称为反地温序列。在正地温序列中,上层土温度高于下层土,表现为能量的向下补给（土层储能）,反地温序列则表现为下层土的能

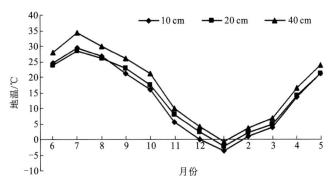

图 3.11   阳坡地温的月变化示意图

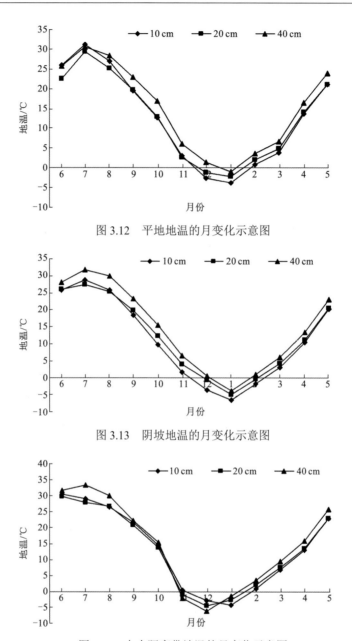

图 3.12　平地地温的月变化示意图

图 3.13　阴坡地温的月变化示意图

图 3.14　中央隔离带地温的月变化示意图

量向上层土补给（释放能量）（王宝军 等，2009）。可以看出各地形 5～8 月表现为正地温序列，1～4 月和 9～12 月表现为反地温序列。

　　在同样的观测期内，在不同地形条件下地温的月变化规律分析的基础上，进一步分析不同深度的地温动态变化规律。由图 3.15～图 3.17 可以看出，在 10 cm、20 cm、40 cm 深度下各地形的地温变化整体规律大致相同，区别在于不同的地形和深度条件下，波形的位相、振幅有所不同。3～8 月，中央隔离带的地温最高；9～12 月和 1～2 月，阳坡的地温最高。阴坡虽然地温普遍低，但变幅较小，其最低温度在 4 种地形中并不是最低。最低温度出现在 12 月的中央隔离带（−6.3℃）。这是因为阴坡的植被条件比较好，植被改变了小气候，尤其是对近地表的温度作用更明显，阻止了温度的骤然升降，延缓了极值温度出现的时间，使最高值变低，最低值变大，所以阴坡的温度变化比较平缓。通过比较可以更清楚地看出，4 种不同地形条件下的地温均表现出一致的变化规律：靠近地表的地温变化剧烈，越往深处温度的变化越缓和，这进一步论证了上述研究的有关结论。还可以看出，地形条件对各深度的土壤地温影响比较明显，不同地形条件下各深度的地温基本上是 7 月最高，1 月最低。不同地形下地温的月变化规律为：3～8 月，中央隔离带（22.7℃）＞阳坡（21.0℃）＞平地（20.6℃）＞阴坡（20℃）；9～12 月和 1～2 月，阳坡（8.6℃）＞平地（6.4℃）＞阴坡（5.1℃）＞中央隔离带（5.0℃）。

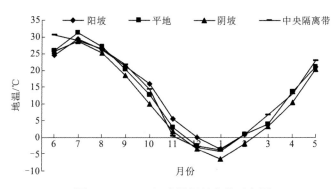

图 3.15　10 cm 深度地温月变化示意图

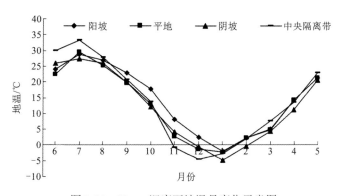

图 3.16　20 cm 深度下地温月变化示意图

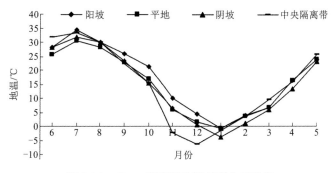

图 3.17　40 cm 深度下地温月变化示意图

另外,通过地形和深度两个因素对地温的影响进行方差分析,结果表明地形和深度两个因子对地温都有显著影响。

3.7　降水量、蒸散量与风速

3.7.1　降水量与蒸散量

图 3.18 为降水量与蒸散量的月变化规律。由图 3.18 可以看出,7 月的降水量最大(161.6 mm),12 月和 1 月的降水量最小(0 mm)。蒸散量在 5 月最高,1 月最低,分别为 121.36 mm 和 23.81 mm。调查废弃地年降水量 475.5 mm,年蒸散量 708.8 mm,相差 233.3 mm,年降水量与其上级区域的多年平均年降水量 561.9 mm 相比少 15.4%。

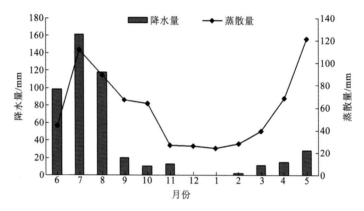

图 3.18　降水量与蒸散量的月变化示意图

3.7.2　风速

同样,在相同观测期内,对调查废弃地的平均风速的变化规律进行研究,结果表明,8～10 月风速较低,3 月、4 月风速最大。其中 4 月平均风速最大达到 1.52 m/s。平均风速最小的是 10 月,为 0.25 m/s,瞬时最大风速可达到 16.1 m/s。

对试验区风速观测的结果表明,观测时段的主导风向为东风,在刮东风时 2 m 高度,矿区内侧的风速比空旷地要小(15.6%),外侧的风速比空旷地要大(31.3%),这是由于气流上升,流线密集,风速加强;在内侧,因流线辐散,风速减弱。地面风速与空旷地差距不大(3.1%),谷形区域由于狭管作用风速较大(21.9%),林地边缘区域的风速小于空旷地(12.5%～15.6%)。调查废弃地 1 m 高度的风速分布与 2 m 高度有明显的不同,在 1 m 高度下各地形的风速都小于空旷地,可见地形对 1 m 高度的风速影响较 2 m 要明显。结果表明,试验区不同地形条件下 2 m 高度的风速分布与 1 m 高度的风速分布有明显的差异。

3.8 土 壤 水 分

土壤水分是植物生长、植被恢复及减轻土壤侵蚀的重要影响因素,是反映土壤特性的重要指标。边坡土壤水分不仅影响坡面土壤的发育和植被的形成,而且对边坡的安全也有着重要的影响(答竹君 等,2011)。根据对调查样点的土壤水分进行收集和实验分析,将矿山废弃地区域(创面单元)、已经过人工恢复植被的边坡(已恢复区)、周边自然斜坡(自然周边)的土壤水分进行比较,得出边坡土壤水分变化规律。

3.8.1 土壤平均含水率

图 3.19 为调查创面单元点构成物质的含水率情况。由图 3.19 可以看出,所有调查样点的质地构成物的平均含水率在 6.6%左右,说明矿山废弃地土壤水分缺乏,水分成为植被恢复的重要制约因素之一。也有少数含水率比较高的地区是由于土壤厚度大,蓄水能力强。

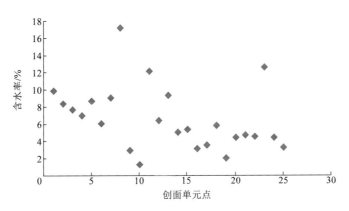

图 3.19 创面单元内构成物质的含水率示意图

图 3.20 为调查样点周边的土壤含水率情况。由图 3.20 可以看出,调查样点周边的土壤含水率普遍较高,平均含水率在 12.2%,明显高于矿山废弃地单元内的土壤水分,是因为周边土层厚,植被盖度大,蓄水能力强。

图 3.21 为已恢复区调查样点土壤含水率情况。由图 3.21 可以看出,经过人工干扰后的已恢复区的土壤含水率较高,尤其在植被覆盖量良好、土壤层厚的地方,水分条件更好,含水率平均为 9.3%。

从图 3.1~图 3.21 可以看出,整个边坡调查样点里的土壤水分情况(土壤厚度≤30 cm),土壤含水率的情况是自然周边>已恢复区>创面单元,创面单元尤其是岩质坡面类型最差,其次才是平缓地带和堆体边坡类型。

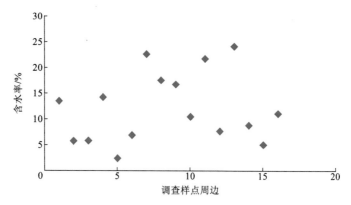

图 3.20   调查样点周边的土壤含水率示意图

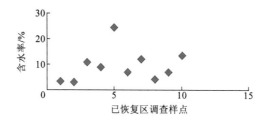

图 3.21   已恢复区调查样点的土壤含水率示意图

3.8.2   坡向与含水量

以矿区边坡的土壤含水量为例,分析坡向与土壤含水量的关系。

不同地形条件下土壤含水量的月变化规律如图 3.22~图 3.25 所示,可以看出总体上在各月内,不同的地形条件下 20~40 cm 的土壤含水量条件较好,其次是 10~20 cm 和 0~10 cm。这主要是由于沙地土壤表层蒸腾强烈,易于失水(卜耀军 等,2008)。这种规律在中央隔离带土壤含水量的月变化规律中最为明显,即土壤含水量的垂直梯度变化基本表现为随土壤深度的增加而增加,这主要是降水入渗分布与土壤水分向上蒸发综合作用的结果(崔灵周 等,2000;张仁陟 等,1998)。并且还可以看出,土壤含水量呈现增大减

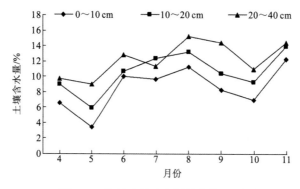

图 3.22   阳坡土壤含水量月变化示意图

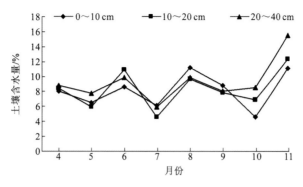

图 3.23　平地土壤含水量月变化示意图

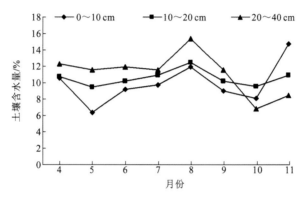

图 3.24　阴坡土壤含水量月变化示意图

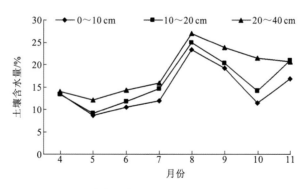

图 3.25　中央隔离带土壤含水量月变化示意图

小的波浪式变化，这与调查废弃地降水量的季节性分布和植被生长发育密切相关（邹文秀 等，2009）。

3.8.3　土壤深度与含水量

图 3.26～图 3.28 为从不同深度的土壤含水量月变化规律，可以看出，不管是在 0～10 cm、10～20 cm、20～40 cm，中央隔离带的土壤含水量条件都是最好的，平地土壤含

水量条件较差。中央隔离带土壤含水量比平地土壤含水量在 0～10 cm、10～20 cm、20～40 cm 深度下平均分别高 78.4%、99%、106.7%，可见深度越深中央隔离带的土壤含水量条件就越好，深度对土壤含水量的影响比较明显。在 0～10 cm、10～20 cm 深度下，阳坡和阴坡的土壤含水量差距不大，但是 40 cm 土壤阳坡和阴坡含水量差距较大（平均差 14.19%）。还可以看出，表层（0～10 cm）土壤含水量的变化较大，反映出降水和蒸散对表层土壤含水量的影响较大；而下层（20～40 cm）土壤含水量变化小，表明降水量和蒸散对下层土壤含水量的影响较小。土壤含水量的这种垂直梯度变化可用变异系数（coefficient of variation，

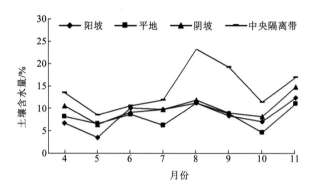

图 3.26　0～10 cm 土壤含水量月变化示意图

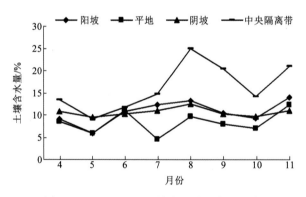

图 3.27　10～20 cm 土壤含水量月变化示意图

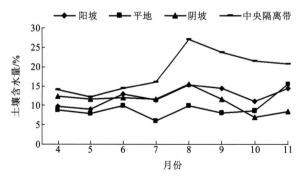

图 3.28　20～40 cm 土壤含水量月变化示意图

CV）来具体描述（李开元 等，1990）（表 3.3）。因而，廊涿矿区土壤含水量的垂直梯度变化可以此进行层次划分，即①速变层（0～20 cm），土壤含水量强烈受降水和蒸发的影响，含水量变化相当剧烈，具有接纳雨水快、蒸发快和干湿变动频繁的特点，该层对植物生长影响较大，土壤含水量的 CV 在 24%以上；②活跃层（20～40 cm），土壤含水量变化明显减弱，主要受降水和植物耗水状况的影响，该层植物生长可以利用的水分多，是植物根系的密集层，土壤含水量的 CV 在 20%以下。

表 3.3　不同地形和深度下的土壤含水量变异系数

深度/cm	阳坡 CV/%	平地 CV/%	阴坡 CV/%	中央隔离带 CV/%	平均值 CV/%
0～10	19.71	33.52	27.31	33.02	28.39
10～20	15.22	32.32	23.60	28.25	24.85
20～40	13.55	31.58	9.30	23.20	19.41

3.9　土壤理化性质

土壤质地、养分及其酸碱性等与植被生长密切相关。以矿区边坡为例，对自然边坡、有土壤层的矿山废弃地及已经人工恢复的边坡进行取样测量，在实验室对其做理化性质的分析，再利用方差分析研究土壤理化性质的变化规律。

3.9.1　土壤容重和孔隙率

图 3.29 为土壤容重与孔隙率的直方图。由图 3.29 可以看出，土质边坡的土壤容重和孔隙率均有小幅度波动，但总体较为一致。土壤容重均值为 1.27 g/cm^3，孔隙率均值为 52.05%。土壤容重值相对较小，而土壤孔隙率相对较大。土壤容重是衡量土壤质量的常用指标。如果土壤容重过大，会影响土壤中水、肥、气、热等条件的变化，以及植物根系在土壤中的伸展，从而对植物生长造成影响（Logsdon et al.，2004）。

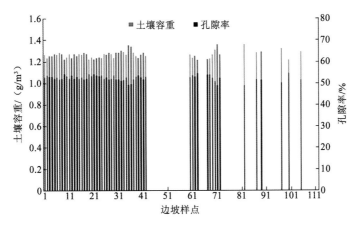

图 3.29　土壤容重与孔隙率的直方图

孔隙率表明土壤中孔隙的状况和松紧程度，与含水量一起共同决定土壤中空气的含量，进而影响土壤中各种变化的进程和植物的生长。土壤的孔隙率对植物的生长非常重要，关系土壤的通气状况，特别是氧气的含量。土壤中含有很多微生物，这些微生物通常都是需氧的生物，它们需要在有氧的情况下对土壤腐殖质进行腐熟。土壤微生物对土壤结构的改善是一种微观的行为，如果土壤经常处于板结状态，那么时间长了微生物的活动就会受阻，不利于微生物的繁殖及对土壤的有益改造。另外，土壤孔隙率关系土壤中水分的运动，植物生长需要大量的水分，地下的水分主要通过土壤毛细管运输到植物的根部，土壤板结对水分的运输产生了不利的影响，不利于水分的输送。

3.9.2　土壤厚度

土壤厚度是土壤性质的基本属性，是植被生长的主要限制因子，不同厚度土壤的植被种类和盖度明显不同（王志强 等，2007；杨喜田 等，2000），而且它与土壤水分的时空关系也很密切（Martinez-Fernandez et al.，2003；Hupet et al.，2002）。对选取的所有土质矿区边坡进行土壤厚度的实地调查，结果见表 3.4。可以看出，矿区边坡的土壤厚度相对较薄，平均厚度为 8.5 cm。路堤边坡的土壤厚度为 10.8 cm，较路堑边坡的土壤厚度（6.2 cm）要厚 4.6 cm。另外，矿区边坡的土壤厚度的标准差相对较大（2.56），说明不同边坡的土壤厚度存在较大差异，在边坡立地类型划分时应充分考虑土壤厚度这个因子的影响。根据曾宪勤等（2008）及杨喜田等（1999）对土壤厚度的研究，结合矿区边坡的实际情况，对矿区边坡土壤厚度进行分级（表 3.5）。

表 3.4　土壤厚度统计

项目	土壤厚度/cm		
	路堤边坡	路堑边坡	矿区边坡
平均值	10.80	6.20	8.50
标准差	1.29	0.87	2.56
最大值	12.40	8.00	12.40

表 3.5　土壤厚度分级表

土壤厚度/cm	≤10	10～20	≥20
分级	薄	中等	厚

3.9.3　土壤硬度

土壤硬度是指土壤对外界垂直穿透力的反抗力，反映了土壤颗粒之间黏结力的大小和土壤孔隙状况（陈学文 等，2012；杨晓娟 等，2008），对土壤水分的入渗、保持，以及对土壤养分的转化、运输等有重要影响（刘目兴 等，2008；Díaz-Zorita，2000）。土壤硬度对植被生长发育有着重要的影响，矿山废弃地的土壤硬度现状也将会对植被的生存和生长产生极大的影响。

在矿区边坡土壤硬度调查中（图 3.30），发现不同边坡的土壤硬度变化较大。运用山中式土壤硬度计，土壤硬度在 0～7 mm 时，土壤中固体少，通气较多，水分少；土壤硬度 8～20 mm 是植物生长发育的最佳土壤硬度，植物地下根系部分及地上植株部分均能得到较好发育；土壤硬度在 20～26 mm 时，植物可以正常发芽和生长发育，但是衰退较快；土壤硬度超过 26 mm 时，植物根系很难穿透土壤，也不利于根系在土壤中的延伸，给植物的发芽和生长发育带来较大影响（杨喜田 等，2005）。由此可知，平均值为 21.1 mm 的土壤硬度的土质边坡，土壤硬度过大，植物根系不能在边坡土壤中正常延伸，不适宜植被的发育和生长。因此，在边坡绿化前必须采取客土或者土壤改良等技术以改善土壤硬度，使其达到满足植物生长的土壤硬度。

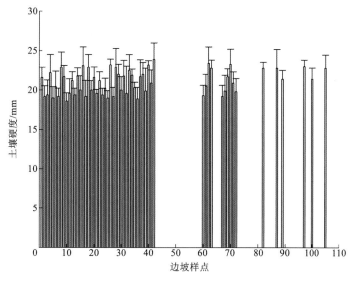

图 3.30　土壤硬度直方图

综上所述，土壤硬度直接影响植物的发育和生长，因此将其作为微立地类型划分的因子进行分析调查，并对其进行分级（表 3.6）。

表 3.6　土壤硬度分级表

土壤硬度/mm	≤10	10～20	≥20
分级	软质	中等	硬质

图 3.31 为碎石堆积边坡表层硬度的对比情况。由图 3.31 可以看出，上层硬度比中、下层硬度大的坡面，是因为下层是小碎颗粒堆积体，容易和土壤、风化物混合物形成胶结层，从而增大上层硬度；上层硬度明显小于中、下层硬度的坡面是较大颗粒的堆积体，上层难以形成胶结层，少量的风化物堆积，缺少胶结团粒，比较松散，而中、下层颗粒较小容易形成胶结颗粒，硬度更大。

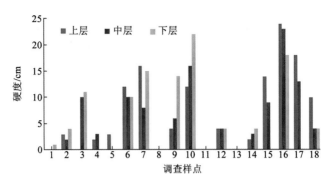

图 3.31　碎石堆积边坡表层硬度的对比示意图

碎石堆积坡的表面经过长时间的重力和外力作用，在上层已经形成了较为类似土壤的结构层，表面层 10 cm 左右的粉碎颗粒会存储水分和养料提供植被生长的条件，但是其硬度是不稳定的，随时变化的，因此在调查中，可以测量最多的是上层和中层 10 cm 左右的硬度，再往深处往往就是碎石堆积，孔隙较大，无法测量，但是上层的胶结作用在植被恢复过程中已经发挥了很大的作用。

由图 3.32～图 3.34 可以看出，土质边坡的土壤硬度变化规律是：上层＜中层＜下层，从上至下硬度逐渐增大，这也符合长期重力作用的规律。但是像碎石混土、沙质土壤、砂土、沙质黏土、人工客土等边坡类型由于土壤表层的板结现象，会出现上层土壤硬度高于中、下层土壤硬度的情况，但是再往下随着质地的均匀性，土壤硬度就会有规律性地增大。

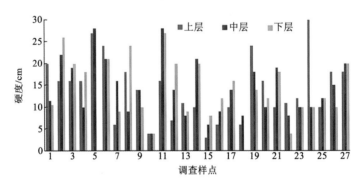

图 3.32　周边或已恢复区边坡硬度示意图

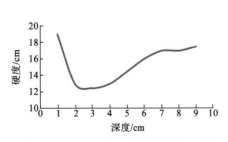

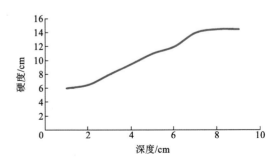

图 3.33　土质边坡土壤硬度变化示意图　　图 3.34　具有板结现象的土壤硬度变化示意图

图 3.35 为土壤表层硬度分布情况。由图 3.35 可以看出，调查地块的土壤表层硬度指标可以分为 5 个等级：0～5 cm，是碎砂粒堆积体；6～10 cm，是土石混合坡体；11～15 cm，是沙质黏土坡体；大于 16～20 cm，是褐土；大于 20 cm，是土壤板结坡体。结合表 2.4 内容，将影响植物生长程度的硬度等级可以分为：I 碎砂粒低硬度坡；II 土石混合硬度坡；III 砂质黏土中硬度坡；IV 褐土高硬度坡；V 土壤板结硬度坡。土壤板结硬度坡不利于植物的生长。

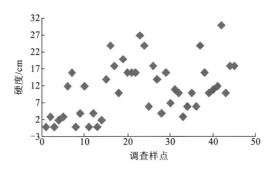

图 3.35　土壤表层硬度分布示意图

图 3.36 为人工恢复边坡与自然边坡的土壤表层硬度对比情况。由图 3.36 可以得出，自然边坡的表层土壤硬度平均值是 12.1 cm，人工恢复边坡的表层硬度是 18.4 cm，可见，周边自然样地的土壤硬度普遍小于已恢复人工工程边坡的土壤强度，说明目前人工客土工程在基质配比方面仍然存在缺陷。表 2.4 是土壤硬度对植被生长发育影响表（山寺喜成，1986），由表 2.4 可见矿山废弃地土壤硬度现状会对植被的生存和生长产生极大的负面影响。

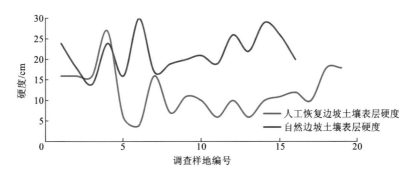

图 3.36　人工恢复边坡与自然边坡土壤表层硬度对比示意图

3.9.4　土壤结构

土壤结构对土壤的入渗能力、土壤水分蓄持能力及有效水分的保持时间有较大影响（李卓，2009），测定结果见表 3.7。与黄土或者其他土壤相比，矿区边坡土壤颗粒的粒径相对较大，在此基础上，对矿区边坡的土壤颗粒进行分级（表 3.8）。

表 3.7 土壤结构组成

不同粒径/mm	>5	5~2	2~1	1~0.5	0.5~0.25	<0.25
占比/%	6.7	8.1	5.9	6.1	7.2	66.0

表 3.8 土壤颗粒分级表

>0.5 mm 的土壤颗粒/%	≤20	20~50	≥50
分级	细粒	中粒	粗粒

3.9.5 土壤化学性质

对研究区内选定边坡的土壤样品化学性质的测定结果见表 3.9、表 3.10。由表 3.9 可以看出，矿区边坡土壤的平均 pH 为 6.75，呈中性，且 pH 相对稳定，CV 仅为 0.04。一般来讲，土壤细菌和放线菌等均适宜于中性环境，在此条件下其活动旺盛，有机质转化快，固氮作用也强。各种有机质的含量都相对较低，而速效磷和全氮的含量更低。因此，在土壤改良时应重点增加磷和氮的含量。另外，矿区边坡的各种有机质含量的变异系数都相对较大，说明不同边坡土壤的各种有机质含量相差较大，在边坡微立地类型划分中应当予以考虑。

表 3.9 土壤化学性质

项目	pH	速效磷/（mg/kg）	速效钾/（mg/kg）	有机质/（g/kg）	全氮/（g/kg）
平均值	6.75	14.3	173.2	51.3	7.63
CV	0.04	0.15	0.20	0.11	0.09

表 3.10 土壤酸碱性分级（周德培 等，2002）

土壤 pH	<4.5	4.5~5.5	5.5~6.5	6.5~7.5	7.5~8.5	8.5~9.5	>9.5
土壤酸碱性	极强酸性	强酸性	酸性	中性	碱性	强碱性	极强碱性

图 3.37 为土壤理化性质分析结果。由图 3.37 可以看出，在无客土改良和客土改良的立地类型比较的研究中，矿山废弃地中自然边坡的土壤容重较小，这是由于坡体本身

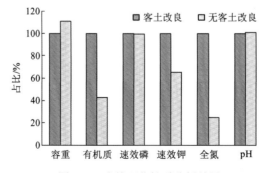

图 3.37 土壤理化性质分析结果

物质组成复杂, 松散多空, 容易丧失水分, 在重力、风、降水等长期外营力作用下形成板结层, 表层土壤硬度增加, 并且水分条件、有机质、速效钾、全氮等含量下降, 增加了自然恢复的难度; 人工恢复的边坡土壤的有机质、速效钾、全氮含量情况较好, 说明通过人工植被恢复, 可以改善矿山废弃地的土壤理化性质, 为植物的生长创造良好的生长环境, 有利于促进目标植被群落的形成, 说明人工干预立地因子有利于植被恢复的进行。

3.10　边坡稳定性

边坡的稳定性对植被恢复有着重要的影响, 本节主要从岩质边坡、堆体边坡的稳定性因子入手, 通过定性与定量方法相结合, 对植被恢复的边坡稳定性进行分析。以往判别边坡稳定性都是从边坡的内在质地和结构角度进行评价, 是关于边坡失稳、滑坡等对人类活动有安全影响的安全性分析。然而, 边坡多是人为的开挖和堆积, 在实施工程时已初步做好了稳固工作。因此, 本书所提到的边坡稳定性主要是针对能够使植被生存和生长的稳定性, 是由影响微立地条件的各项因子共同决定的, 主要有岩性、坡度、坡向、坡高、产状、倾向、滑动层、浮石、涌水、裂隙密度、平均裂隙宽度、填充物程度、填充物成分、粗糙元平均高、粗糙元面积比、多元性、破碎程度、干湿程度、冲风、结构破坏程度、矿物成分变化程度、颜色变化程度、岩体硬度、坡脚削坡、坡顶加载、坡顶裂缝等因子, 需要分级地进行定性与量化, 对各个因子的影响权重进行评判, 再整合各个因子的贡献影响, 得出边坡稳定分析模型, 对不同边坡进行稳定性分析, 为边坡微立地类型划分做好基础准备。

3.10.1　粗糙度

1. 岩质边坡粗糙度

根据调查和实验分析结果, 粗糙元等级可分为 0～10 cm、10～20 cm、20～80 cm、>80 cm。粗糙元面积可分为 0～20%、20%～40%、40%～60%、60%～100%。一元性是只在基准面一侧有粗糙元; 多元性是在基准面两边都有粗糙元。粗糙度评判级别标准见表 3.11。

表 3.11　粗糙度评判级别标准

项目	粗糙元平均高/cm	粗糙元面积比/%	多元性	破碎程度
光滑/较光滑	0～10	0～20	单一	少量
中等粗糙	10～20	20～40	单一	部分
较粗糙	20～80	40～60	多元	大部分
粗糙	>80	60～100	多元	全部

具体判定采用单项定性的原则, 只要有一个符合某一级别的因素出现, 就可以为级别定性。

2. 堆体边坡粗糙度

根据调查和实验分析结果,堆体边坡表层颗粒粒径可划分为:Ⅰ级 0~5 cm,为细小碎石坡,边坡较为稳定,质地均匀,容易保存水分和土壤;Ⅱ级 5~10 cm,为砾石坡,边坡不稳定,易滑落;Ⅲ级 10~20 cm,为大石块坡,空隙大,不稳定;Ⅳ级>20 cm,为超大石块坡,空隙很大,易滑落,不稳定。

3. 堆体边坡粒径级配

在土石混合边坡中,粒径级配反映石块的尺寸大小和各粒径石砾所占比重。土壤粒径分布常被用来分析和预测土壤的物理性质,如持水量、渗透性和孔隙率等。石质土粒径级配可以反映土壤硬度、孔隙率及植物根系深入情况,以便在植被恢复时能够采取合理的覆土厚度、绿化模式及植被配置。

在所设定的标准地块内,按对角线随机选 5 个样点,挖取 0~20 cm 层土样,将同一样方不同样点的样品混合后化验。用机械筛分法测定土壤粒径分布。筛孔孔径选取 60 mm、40 mm、20 mm、10 mm、5 mm、2 mm。计算各样本中小于某筛孔土石的质量占总石质土质量的百分比。在半对数坐标纸上绘制出各样本的累计曲线,横坐标表示粒径,纵坐标表示小于某粒径土粒的累计百分含量。计算粒径不均匀系数(C_u)、曲率系数(C_s),如式(3.1)、式(3.2)所示:

$$C_u = d_{60} / d_{30} \tag{3.1}$$

$$C_s = d_{30}{}^2 / (d_{60} \times d_{10}) \tag{3.2}$$

式中:d_{10}、d_{30}、d_{60} 分别为累计百分含量为 10%、30%、60%的粒径。不均匀系数 C_u 反映大小不同粒径的分布情况。C_u 越大,反映粒径分布范围越大。曲率系数 C_s 可反映级配的连续情况。C_s 过小,说明土质中缺少的中间粒径大于 d_{30},反之,C_s 过大,则说明土中缺少的中间粒径小于 d_{30}。

以下是从 20 个样本中任意抽取的 9 个样本的级配曲线(图 3.38)和不均匀系数与曲率系数(表 3.12)。

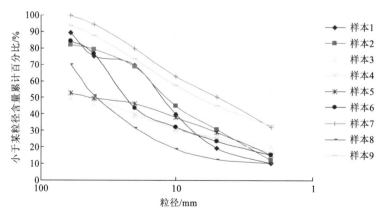

图 3.38　样本级配曲线图

表 3.12　样本不均匀系数与曲率系数表

参数	样本 17	样本 7	样本 6	样本 10	样本 20	样本 8	样本 15	样本 3	样本 9
d_{10}	1.9	1.4	～～	～～	1.0	1.0	0.05	1.9	0.03
d_{30}	7.7	4.9	10.0	9.7	5.7	9.0	1.7	19.0	1.7
d_{60}	16.0	14.2	～～	～～	～～	30.0	8.0	50.0	11.5
C_u	8.4	10.1	～～	～～	～～	30.0	160	26.3	～～
C_s	1.95	1.2	～～	～～	0.3	2.7	7.2	3.8	8.4

注：～～表示数值过大或过小

由式（3.1）、式（3.2）可求得抽样样本的不均匀系数与曲率系数。可以看出每种级配类型累计曲线对比。由图 3.39 可以看出，同类型曲线走势相似，也证明类型划分合理。

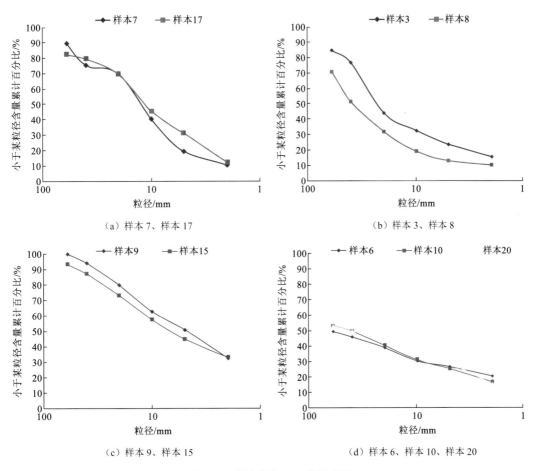

（a）样本 7、样本 17　　　　　　（b）样本 3、样本 8

（c）样本 9、样本 15　　　　　　（d）样本 6、样本 10、样本 20

图 3.39　样本粒径级配曲线分类

通过绘出各个样本的级配曲线，并求出不均匀系数和曲率系数，可得到 C_u 和 C_s。据此可将石质土划分成 4 种类型，分类结果及级配情况见表 3.13。

表 3.13　粒径级配分类表

参数	第 I 类	第 II 类	第 III 类	第 IV 类
C_u	<1	<5	>5	～～
C_s	～～	1～3	<1	～～
质地构成	土夹石	碎石土	土石混杂,中间粒径有缺失	块石土
量化	1	2	3	4

注：～～表示数值过大或过小

3.10.2　风化程度

根据调查结果统计,风化程度的划分评价标准见表 3.14。

表 3.14　风化程度的划分评价标准表

因素类别	等级划分级别标准				
	I 未风化	II 微风化	III 中风化	IV 强风化	V 全风化
干湿程度	极干燥	干燥	潮湿	滴水	涌水
冲风	背风	季节性风	冲风	—	—
结构破坏程度/%	10～20	20～40	40～60	60～80	80～100
矿物成分变化程度/%	10～20	20～40	40～60	60～80	80～100
颜色变化程度	无	少量	多	显著	全变
锤击声	清脆	稍脆	稍哑	暗哑	闷
岩体硬度	很硬	较硬	一般硬	较软	软

各级风化程度的属性：未风化,岩质新鲜坚硬；微风化,结构基本未变,可以有少量裂隙；中风化,结构部分破坏,沿节理面有次生矿物,裂隙发育,有破碎面,有较强硬度；强风化,结构大部分破坏,矿物成分显著变化,风化裂隙发育,岩体破碎,硬度低；全风化,结构基本破坏,有残余结构强度。

3.10.3　裂隙密度

岩质坡体的裂隙密度就是在 $1\ m^2$ 样方内各种裂隙的长度总和,反映了岩体在各种应力作用下破裂变形而产生的空隙分布,与岩质坡面的完整性有着密切的联系。根据调查和实验分析结果,裂隙密度可以分为 I（<100 cm）、II（100～200 cm）、III（200～400 cm）、IV（>400 cm）,命名为 I 低密度裂隙、II 中密度裂隙、III 高密度裂隙、IV 超密度裂隙。

3.10.4　裂隙宽度

测定裂隙平均宽度后进行分类,可以研究裂隙分布的规律性、连续性,这与岩质坡面的植被根系发育有着重要关系。根据调查和实验分析结果,岩质边坡的裂隙平均宽度可划分为 4 个等级：Ⅰ（<5 cm）、Ⅱ（5～15 cm）、Ⅲ（15～50 cm）、Ⅳ（>50 cm），命名为细小裂隙、粗裂隙、中裂隙、宽裂隙。随着等级的增加，植被恢复能力越大，边坡也就越不稳定。

3.10.5　裂隙填充物

岩质边坡的裂隙填充物厚度超过了表面突起的幅度后，节理强度会受到填充物强度的影响，经调查统计填充物总共 4 类，碎石、母质风化物、土石混合物、土壤，这些填充物有利于植物种子和根系的附着、生长。

根据调查和实验分析结果，岩质边坡裂隙填充物的程度关系植被直接着落、生长，填充程度越高，植被恢复能力越大，可分为：Ⅰ少量（<20%），Ⅱ较多（20%～40%），Ⅲ多（40%～60%），Ⅳ很多（>60%）。

3.10.6　浮石与涌水

浮石是暂时停留在坡面的较大石块，容易受到外力因素而产生位移、滑落、滚动等灾害，严重影响边坡的稳定性和植被的生长。经过统计，边坡浮石分布情况可分为 3 种：满布、坡中浮石、坡脚浮石。根据浮石粒径大小可以分为 3 个级别：巨型浮石、大浮石、小浮石。

涌水现象容易破坏坡面的水文特性，改变坡体的物理力学性质，造成坡体的软化、泥化、溶解，还能改变环境应力条件以至破坏边坡。按照边坡涌水情况可以分为 4 类（叶建军，2007），分别为：①干燥边坡，下雨后坡面迅速干燥；②潮湿边坡，有少量地下水从坡面渗出；③滴水边坡，坡面有较多地下水活动，坡面潮湿；④泉边边坡，坡面有泉水活动，常年涌水。由于北京地区的地下水水位较深，尤其在山区，很少出现成股涌泉，结合调查实际情况，将涌水情况基本分为 3 个级别：干燥边坡、潮湿边坡、滴水边坡。

另外，还有其他的一些因素也比较重要，如坡脚削坡、坡脚倒坡、垂直坡、锐角坡脚等情况。锐角坡脚相对比较稳定，垂直坡脚次之，倒坡坡脚最不稳定，容易坍塌、滚石等；坡顶加载通常有坡顶堆积、坡顶浮石、表土层等。表土层相对稳定，坡顶堆积比较容易坍塌、滑落，坡体变形位移；坡顶浮石最危险，可能滑落压坏坡体等；坡顶裂缝容易导致雨水流入坡体，破坏坡体内部结构，造成不正常水压导致冲蚀、结构破坏等，这种情况较为常见，尤其容易出现因雨水灌入而产生的滑坡、坍塌。因此，要引起重视，一旦发现存在隐患，就要采取防护措施进行治理和防护。

3.10.7　边坡稳定性分析

边坡常见的破坏形式主要有剥落、冲蚀、坍塌、泥石流、滑塌、滑坡等。坡体中的地层岩性、地质构造、主控面与坡向关系、风化程度、涌水、坡顶加载、坡脚削坡、裂隙密度、坡度、浮石等对边坡稳定性具有较高的影响作用，为了在野外便于快速记录和判断，需要一种简单实用的量化因子的评价方法。

1. 岩质边坡稳定性评价

1）稳定性判别因子

边坡稳定性的评价方法基本上可以分为两类，即定性分析法和定量分析法（杨学堂等，2004）。定性分析法能够快速地对边坡的稳定状况及其发展趋势做出判断，但是得出的结果误差会比较大。定量分析法是根据岩土特征、力学性质、边坡形态等用数值分析法进行计算分析（杨延凌，2007），但是，由于边坡稳定性的影响因素众多，各因素又具有不确定性（即模糊性、随机性、信息不完全性和未确定性）和复杂性（夏元友 等，2002；刘小丽，2002），要对边坡的稳定性做出完全定量的评价是非常困难的。半定量评价方法主要根据边坡周边的地质环境条件，对边坡做出半定量评价，很适合用于野外实际调查需要和精度要求，因此，采用半定量法是比较合适、适用的。

根据调查矿山废弃地的情况，在评价岩质边坡的稳定性时，基本思路是根据边坡地形地质环境条件，选取评价因子，建立评价模型。为了简化评价过程，尽可能涵盖主要影响因子，最大限度地降低评价的随意性、模糊性，采用定性–半定量评价方法，即从影响边坡稳定性的众多因素中抽取环境条件、边坡破坏动力条件和边坡破坏变形现状等主要因素作为一级判别因子，又将一级判别因子划分出 4 个二级因子，其中环境条件包括地质构造、顺逆坡；边坡破坏动力条件划分出风化程度、坡顶加载、坡脚削坡、涌水二级因子；边坡破坏变形现状划分出裂隙密度、坡度、浮石二级因子。在此基础上，将每个二级因子划分为 4 个危险等级，给出不同危险等级的划分原则、对应量值，从而构成边坡危险性判别因子的量化准则（表 3.15）。

表 3.15　岩质边坡稳定性级别评价

一级	二级	影响因子的稳定性权重	边坡稳定性的评价模型
环境条件	地质构造	a_1	
	顺逆坡	a_2	
边坡破坏动力条件	风化程度	a_3	$S=a_1X_1+a_2X_2+a_3X_3+a_4X_4+\cdots+a_iX_i$
	涌水	a_4	X_i 是各因子的赋值
	坡顶加载	a_5	
	坡脚削坡	a_6	
边坡破坏变形现状	裂隙密度	a_7	
	坡度	a_8	
	浮石	a_9	

2）影响因子稳定性权重

稳定性权重是指各影响因子对边坡体稳定性影响程度的比率（宗辉，2003）。根据边坡实际情况及影响因子特点分析，决定采用对比求和评分法中的 0～4 评分法来确定各影响因子的权重。对比求和评分法就是把某个评价对象同其他评价对象进行比较份额分析，根据重要程度确定对比分值和一定限值评分，然后再计算该评价对象与其他对象比较时的评分之和（张传吉，1993）。0~4评分法的具体步骤如下。

（1）将各个因子的重要性进行一对一比较，非常重要的因子得4分，非常不重要的因子得0分，比较重要的因子得3分，不太重要的因子得1分，两个因子同样重要则各得2分。

（2）将各因子与其他因子比较时所得的分相加，算出各因子的功能得分。

（3）将各因子的得分与所有因子的得分之和相比，算出各因子的稳定性权重。通过专家打分法最终得出的结果见表3.16。

表 3.16　岩质边坡影响因子的稳定性权重

影响因子	地质构造	顺逆坡	风化程度	涌水	坡顶加载	坡脚削坡	裂隙密度	坡度	浮石	得分	稳定性权重
地质构造	0	2	2	0	1	1	1	1	0	8	0.054
顺逆坡	4	0	3	1	1	1	2	1	1	14	0.095
风化程度	3	1	0	0	0	1	2	2	1	10	0.068
涌水	4	3	4	0	3	3	4	3	2	26	0.177
坡顶加载	3	3	4	1	0	3	3	3	1	21	0.143
坡脚削坡	3	3	3	1	1	0	3	3	1	18	0.122
裂隙密度	3	2	2	0	1	1	0	1	0	10	0.068
坡度	3	3	2	1	1	1	3	0	0	14	0.095
浮石	4	3	3	2	3	3	4	4	0	26	0.177

由表3.16可以看出浮石、坡顶加载、坡脚削坡、涌水的权重比较大，对边坡的稳定性影响比较大。

3）影响因子分级

根据影响因子与边坡破坏发生的相关性分析及实际情况，将影响因子划分为不同等级并分别赋值，见表3.17。

表 3.17　岩质边坡稳定性影响因子的分级赋值

分级赋值	影响因子								
	地质构造	顺逆坡	风化程度	涌水	坡顶加载	坡脚削坡	裂隙密度/cm	坡度/(°)	浮石
1	单一岩体	逆	未风化	无	无	缓角削坡	<100	≤30	无
2	分层岩体	平	微风化	潮湿	薄土	直角削坡	100~200	30~45	小浮石
3	下岩上土	顺	中风化	滴水	厚土	削坡下挖	200~400	45~60	大浮石
4	下土上岩	—	强风化	涌水	堆渣	反削坡	>400	>60	巨型浮石

4）岩质边坡稳定性评价结果

根据前面的分析，得出边坡稳定性指数的计算模型为

$$S = \sum_{1}^{i} W_i X_i \tag{3.3}$$

式中：S 为边坡的稳定性指数；W_i 为各影响因子的稳定性权重；X_i 为各影响因子的赋值。结合前面得出的各影响因子的稳定性权重，可得出边坡稳定性的评价模型为

$$S = 0.054X_1 + 0.095X_2 + 0.068X_3 + 0.177X_4 + 0.143X_5 + 0.122X_6 \\ + 0.068X_7 + 0.095X_8 + 0.177X_9 \tag{3.4}$$

岩质边坡稳定性的分级根据 9 个影响因子的权重，其中浮石、涌水、坡顶加载、坡脚削坡 4 个因子影响力较大，因此，这 4 个因子的最低不稳定因素，设当其中一项不稳定时，其他各项为 1，这时出现不稳定情况的最小值是 1.24，根据式（3.4）的特点，取值范围是 1~4，结合边坡的实际情况，将边坡的稳定性分为 3 个等级（表 3.18）。

表 3.18　岩质边坡稳定性等级

级别	稳定性指数 S
稳定	$1 \leqslant S \leqslant 1.24$
不稳定	$1.24 < S \leqslant 2.39$
危险	$2.39 < S \leqslant 4$

2. 堆体边坡稳定性评价

1）稳定性判别因子

同岩质边坡稳定性评价方法一致，可以得到堆体边坡的稳定性级别评价（表 3.19）。

表 3.19　堆体边坡稳定性级别评价

影响因子	影响因子的稳定性权重分析	边坡稳定性的评价模型
坡度	a_1	
坡高	a_2	
平均粒径度	a_3	
浮石	a_4	
涌水	a_5	$S = a_1X_1 + a_2X_2 + a_3X_3 + a_4X_4 + \cdots + a_iX_i$
坡顶加载	a_6	X_i 是各因子的赋值
坡脚削坡	a_7	
土壤硬度	a_8	
降水强度	a_9	

2）影响因子稳定性权重

堆体边坡的影响因子稳定性权重见表 3.20。

表 3.20　堆体边坡影响因子的稳定性权重分析

影响因子	坡度	坡高	平均粒径度	涌水	坡顶加载	坡脚削坡	土壤硬度	降水强度	得分	稳定性权重
坡度	0	3	3	2	2	1	3	2	16	0.143
坡高	1	0	3	2	1	2	2	1	12	0.107
平均粒径度	1	1	0	1	1	1	1	1	7	0.063
涌水	2	2	3	0	3	3	3	2	18	0.161
坡顶加载	2	3	3	1	0	2	3	2	16	0.143
坡脚削坡	3	2	3	2	2	0	2	2	15	0.134
土壤硬度	1	2	3	1	1	2	0	2	12	0.107
降水强度	2	3	3	2	2	2	2	0	16	0.143

3）影响因子分级

堆体边坡稳定性影响因子的分级赋值见表 3.21。

表 3.21　堆体边坡稳定性影响因子的分级赋值

分级赋值	影响因子							
	坡度/(°)	坡高/m	平均粒径/cm	涌水	坡顶加载	坡脚削坡	土壤硬度/mm	降水强度/mm
1	≤20	<6	0~5	无	无	缓角削坡	>15	0~50
2	20~30	6~10	5~10	潮湿	薄土	直角削坡	10~5	50~100
3	30~45	10~15	10~20	滴水	厚土	削坡下挖	5~10	100~150
4	≥90	>15	>20	涌水	堆渣	反削坡	<5	>150

4）堆体边坡稳定性评价结果

边坡稳定性的评价模型为

$$S=0.143X_1+0.107X_2+0.063X_3+0.161X_4+0.143X_5+0.134X_6+0.107X_7+0.143X_8 \quad (3.5)$$

堆体边坡稳定性等级见表 3.22。

表 3.22　堆体边坡稳定性等级

级别	稳定性指数 S
稳定	$S≤1.16$
不稳定	$1.16<S≤2.73$
危险	$2.73<S≤4$

根据实际调查情况,由于人工干扰形成的边坡经过了设计放坡,基本上内部结构处于相对稳定状态,但是边坡表面会有不稳定情况发生,结合调查结果,不稳定与危险边坡少见,基本上在施工过程中已对边坡预先做了安全处理。

综上所述,影响矿山废弃地植被恢复的微立地因子很多,每种立地因子都有可能对植被恢复起着正面或负面的影响,研究这些因子的关联关系,为微立地类型的划分提炼出重要的具体影响因子,是微立地类型划分的重要依据。研究结果发现:矿山废弃地的微地形地貌、气象环境、土壤性质及稳定性等因子都对矿山废弃地的植被恢复有着较重要的影响,但是随着微地形地貌的变化,立地条件的重要因子也在发生变化。因此,在进行微立地类型划分时要灵活运用,因地制宜地使用合适的方法进行划分。

第4章　微立地类型划分

矿山废弃地微立地条件多样复杂,每一个类别都具有不同的特征,在进行植被恢复工程中不利于投资预算和统一管理,因此,对微立地进行统计归类是十分必要的,也是实践的需要。为研究华北地区矿山废弃地类型情况,本书对北京周边 200 多个典型矿区及道路边坡等地域建立调查样点,并进行各项因子调查,提炼出全面的立地因子体系,然后对因子体系进行进一步的筛选,找出影响各类立地条件的主导因子,对微立地类型进行划分。

4.1　微立地因子体系

在对各项微立地因子的特性分析研究的基础上,总结出影响矿山废弃地微立地条件的微立地因子指标体系,可以更好地有针对性地进行研究及指导今后的植被恢复工作。矿山废弃地微立地条件的共性因子有日期、地点、矿种、开矿时间、开挖方式、时间、大气气温、大气湿度、经纬度、海拔、微地貌、坡度、坡向、阴阳坡、坡高等。微立地因子指标体系见表 4.1。

表 4.1　矿山废弃地微立地因子调查指标体系表

样地类型	调查因子
岩质边坡	岩性、坡度、坡向、坡高、顺逆坡、颜色、温度、滑动层、浮石、涌水、裂隙密度、平均裂隙宽度、填充物程度、填充物成分、粗糙元平均高、粗糙元面积比、单一与多元、破碎程度、粗糙度初判、干湿程度、冲风、结构破坏程度、矿物成分变化程度、颜色变化程度、锤击声、岩体硬度、坡脚削坡、坡顶加载、坡顶裂缝、pH、群落类型、总盖度、物种、平均高度、数量、盖度等
堆体边坡	质地构成、颜色、温度、平均粒径、堆体硬度、冲蚀沟、浮石位置、涌水、坡顶加载、坡脚削坡、群落类型、总盖度、物种、平均高度、数量、盖度等
已恢复区及周边	土类、温度、颜色、土厚、母质、土壤硬度、群落类型、总盖度、物种、平均高度、数量、盖度优势度等

4.2　一级立地类型

研究地区跨度范围小,同属于一类气候类型,且海拔高度差别不大,都属于低山类,因此气候类型、降水条件、形成原因不在此级别类型划分考虑之列。主要共性因子有海拔、微地貌、坡度、坡向、坡高、矿种、开挖方式等,再从中提炼出主导因子。因为调查的废弃地大都是开挖裸露坡面,没有很好的土层,所以植被盖度不在考虑之列,在海拔、微地貌、坡度、坡向、坡高中进行筛选。

采用 0～1 赋值法对定性因子进行数量化,按经验公式建立隶属函数换算成编码(刘创民 等,1993)。采取相关性分析的方法,综合评价不同立地条件的影响程度,分析结果见表 4.2。

表 4.2　相关性分析

因子	海拔	微地貌	坡度	坡向	坡高
海拔	1.00	−0.07	−0.07	0.11	0.16
微地貌	−0.07	1.00	−0.03	0.17	−0.10
坡度	−0.07	−0.03	1.00	0.12	0.20
坡向	0.11	0.17	0.12	1.00	0.14
坡高	0.16	−0.10	0.20	0.14	1.00

由表 4.2 可以看出,有些因子之间相关性小。再对这些立地因子进行主成分分析,找出主导因子(表 4.3)。

表 4.3　主成分系数矩阵

因子	主成分		
	1	2	3
海拔	0.41	−0.33	0.71
微地貌	−0.06	0.84	0.20
坡度	0.54	0.11	−0.67
坡向	0.58	0.52	0.25
坡高	0.74	−0.24	−0.08

由表 4.3 可得到 3 个主成分:

$$Y_1 = 0.41x_1 - 0.06x_2 + 0.54x_3 + 0.58x_4 + 0.74x_5 \tag{4.1}$$

$$Y_2 = -0.33x_1 + 0.84x_2 + 0.11x_3 + 0.52x_4 - 0.24x_5 \tag{4.2}$$

$$Y_3 = 0.71x_1 + 0.20x_2 - 0.67x_3 + 0.25x_4 - 0.08x_5 \tag{4.3}$$

由表 4.3 可知,前 3 个主成分的特征值大于 1,累积方差贡献率为 81.62%,可以作为主导因子。在第一主成分里,坡向和坡高的系数最大,贡献率最高;在第二主成分里,微地貌的系数最大,坡向系数次之;第三主成分里,海拔系数最大,坡度为负值且系数较大。又因为坡度、坡向、坡高均是反映边坡因子的指标,而边坡又是微地形的一部分,可以作为单独一类因子看待,则可以提炼出 3 个共性主导因子:海拔、微地貌、微地形。因此,在对矿山废弃地微立地因子进行划分时,作为划分第一级立地大类的因子有海拔+微地貌+微地形。

通过完全组合并结合实际调查情况，得出 21 种矿山废弃地一级立地类型，见表 4.4。

表 4.4　矿山废弃地一级立地类型

一级立地类型	类型名称
矿山废弃地一级立地类型	低山近平原山顶岩质边坡
	低山近平原山体堆体边坡
	低山近平原山体岩质边坡
	低山近平原沟底岩质边坡
	低山近平原路堤土质边坡
	低山近平原路堑土质边坡
	低山近平原路堑岩质边坡
	低山中海拔山顶堆体边坡
	低山中海拔山坡堆体边坡
	低山中海拔山体岩质边坡
	低山中海拔沟底岩质边坡
	低山中海拔沟底堆体边坡
	低山中海拔路堤土质边坡
	低山中海拔路堑土质边坡
	低山中海拔路堑岩质边坡
	低山中海拔采场岩质边坡
	低山中海拔弃土场土石边坡
	低山中海拔尾矿砂堆体边坡
	低山高海拔山顶岩质边坡
	低山高海拔山体岩质边坡
	低山高海拔山体堆体边坡

在一级立地类型中，最显著的区别主要体现在立地质地的差异性，即岩质边坡和堆体边坡，因此，可以根据这个差异性对废弃地进行进一步的微立地类型划分。

4.3　岩质边坡微立地类型划分

4.3.1　主成分筛选

岩质边坡的微立地影响因子包括：岩性、pH、顺逆坡、坡度、坡高、坡向、颜色、温度、滑动层、浮石、涌水、裂隙密度、平均裂隙宽度、填充物程度、粗糙元平均高、粗糙元面积比、单一与多元、破碎程度、粗糙度初判、干湿程度、冲风、结构破坏程度、矿物成分变化程度、颜色变化程度、岩体硬度、坡脚削坡、坡顶加载、坡顶裂缝等。

通过方差分析，得出方差较大的因子（表 4.5）有裂缝密度、粗糙元平均高、填充物程度、矿物成分变化程度、结构破坏程度、破碎程度、坡高、粗糙元面积比、坡度、平均裂隙宽度等，这些因子均是风化程度、粗糙度、坡度、坡高等综合因子的综合体现。在方差分析中，pH 因子变量具有零方差，因此在以后的主成分分析中不再考虑 pH 因子。但是，在煤矸石、石灰岩等边坡研究中，pH 因子必须加以考虑。

表 4.5　主成分系数矩阵

因子	主成分								
	1	2	3	4	5	6	7	8	9
岩性	−0.50	0.18	−0.05	0.69	−0.12	−0.03	0.17	−0.01	−0.15
顺逆坡	−0.26	0.66	−0.09	−0.25	−0.03	0.20	−0.30	−0.06	0.16
坡度	0.09	0.03	0.05	0.01	0.64	0.31	−0.31	0.25	−0.23
坡高	−0.33	−0.44	0.06	0.66	−0.29	−0.17	0.13	−0.17	0.03
坡向	−0.26	−0.13	0.44	0.47	0.47	0.03	−0.04	−0.33	0.16
颜色	−0.51	0.43	0.14	−0.12	−0.43	0.17	0.19	−0.02	−0.22
温度	−0.11	0.26	0.35	−0.20	−0.08	−0.54	0.18	0.58	0.05
滑动层	−0.62	0.08	0.38	−0.30	0.13	−0.01	0.24	−0.17	0.32
浮石	−0.05	0.04	0.57	−0.23	−0.03	0.54	0.19	0.28	0.30
涌水	0.59	0.07	0.08	−0.51	0.05	−0.46	0.18	−0.20	0.00
裂隙密度	0.78	0.03	−0.02	0.19	−0.11	0.09	0.31	0.32	−0.20
平均裂隙宽度	0.64	0.08	−0.13	0.13	−0.09	0.54	0.01	−0.13	0.14
填充物程度	0.58	0.19	0.33	0.13	−0.40	0.10	0.25	−0.29	0.05
粗糙元平均高	0.56	0.26	0.30	0.52	−0.03	−0.20	−0.10	−0.04	0.28
粗糙元面积比	0.83	−0.01	−0.01	−0.07	0.16	0.03	0.21	0.13	−0.06
单一与多元	−0.27	0.23	−0.32	0.02	0.39	−0.39	0.43	−0.03	0.40
破碎程度	0.61	0.68	−0.15	0.19	0.16	−0.14	0.01	0.01	0.00
粗糙度初判	0.46	0.68	−0.17	0.03	−0.01	−0.02	0.00	−0.22	−0.05
干湿程度	−0.06	0.55	0.59	0.08	0.04	−0.14	−0.29	−0.19	−0.18
冲风	0.13	0.54	0.61	0.10	0.06	−0.20	−0.41	0.14	0.10
结构破坏程度	0.16	0.49	−0.54	0.39	−0.11	0.16	0.11	0.26	0.30
矿物成分变化程度	−0.52	0.37	0.14	0.24	0.19	−0.02	0.35	0.18	−0.46
颜色变化程度	−0.45	0.52	−0.17	0.21	0.39	0.20	0.07	0.11	0.00
岩体硬度	0.53	−0.29	0.57	0.12	0.18	−0.04	0.16	−0.12	−0.23
坡脚削坡	0.19	−0.62	−0.01	0.37	0.04	−0.20	−0.36	0.39	0.18
坡顶加载	−0.22	0.16	0.19	0.05	−0.75	−0.02	−0.22	0.19	0.06
坡顶裂缝	0.03	−0.20	0.64	0.04	0.09	0.32	0.31	0.16	0.17

由表 4.5 可以看出,选取因子主成分的累计贡献率达到 80% 以上,并且主成分对应的特征根大于 1 的前 9 个因子的方差累计贡献率超过了 83.771%,可以代表全部性状的综合信息,因此,选取前 9 个主成分为样地类型性状的重要主成分,根据各性状向量大小可分析这 9 个主成分的意义。

由表 4.5 得到主成分关系式如下。

$$
\begin{aligned}
F_1 = &-0.5x_1 - 0.26x_2 + 0.09x_3 - 0.33x_4 - 0.26x_5 - 0.51x_6 - 0.11x_7 - 0.62x_8 \\
&-0.05x_9 + 0.59x_{10} + 0.78x_{11} + 0.64x_{12} + 0.58x_{13} + 0.56x_{14} + 0.83x_{15} \\
&-0.27x_{16} + 0.61x_{17} + 0.46x_{18} - 0.06x_{19} + 0.13x_{20} + 0.16x_{21} - 0.52x_{22} \\
&-0.45x_{23} + 0.53x_{24} + 0.19x_{25} - 0.22x_{26} + 0.03x_{27}
\end{aligned} \tag{4.4}
$$

$$
\begin{aligned}
F_2 = &0.18x_1 + 0.66x_2 + 0.03x_3 - 0.44x_4 - 0.13x_5 + 0.43x_6 + 0.26x_7 + 0.08x_8 \\
&+0.04x_9 + 0.07x_{10} + 0.03x_{11} + 0.08x_{12} + 0.19x_{13} + 0.26x_{14} - 0.01x_{15} \\
&+0.23x_{16} + 0.68x_{17} + 0.68x_{18} + 0.55x_{19} + 0.54x_{20} + 0.49x_{21} + 0.37x_{22} \\
&+0.52x_{23} - 0.29x_{24} - 0.62x_{25} + 0.16x_{26} - 0.2x_{27}
\end{aligned} \tag{4.5}
$$

$$
\begin{aligned}
F_3 = &-0.05x_1 - 0.09x_2 + 0.05x_3 + 0.06x_4 + 0.44x_5 + 0.14x_6 + 0.35x_7 + 0.38x_8 \\
&+0.57x_9 + 0.08x_{10} - 0.02x_{11} - 0.13x_{12} + 0.33x_{13} + 0.3x_{14} - 0.01x_{15} \\
&-0.32x_{16} - 0.15x_{17} - 0.17x_{18} + 0.59x_{19} + 0.61x_{20} - 0.54x_{21} + 0.14x_{22} \\
&-0.17x_{23} + 0.57x_{24} - 0.01x_{25} + 0.19x_{26} + 0.64x_{27}
\end{aligned} \tag{4.6}
$$

$$
\begin{aligned}
F_4 = &0.69x_1 - 0.25x_2 + 0.01x_3 + 0.66x_4 + 0.47x_5 - 0.12x_6 - 0.2x_7 - 0.3x_8 \\
&-0.23x_9 - 0.51x_{10} + 0.19x_{11} + 0.13x_{12} + 0.13x_{13} + 0.52x_{14} - 0.07x_{15} \\
&+0.02x_{16} + 0.19x_{17} + 0.03x_{18} + 0.08x_{19} + 0.1x_{20} + 0.39x_{21} + 0.24x_{22} \\
&+0.21x_{23} + 0.12x_{24} + 0.37x_{25} + 0.05x_{26} + 0.04x_{27}
\end{aligned} \tag{4.7}
$$

$$
\begin{aligned}
F_5 = &-0.12x_1 - 0.03x_2 + 0.64x_3 - 0.29x_4 + 0.47x_5 - 0.43x_6 - 0.08x_7 + 0.13x_8 \\
&-0.03x_9 + 0.05x_{10} - 0.11x_{11} - 0.09x_{12} - 0.4x_{13} - 0.03x_{14} + 0.16x_{15} \\
&+0.39x_{16} + 0.16x_{17} - 0.01x_{18} + 0.04x_{19} + 0.06x_{20} - 0.11x_{21} + 0.19x_{22} \\
&+0.39x_{23} + 0.18x_{24} + 0.04x_{25} - 0.75x_{26} + 0.09x_{27}
\end{aligned} \tag{4.8}
$$

$$
\begin{aligned}
F_6 = &-0.03x_1 + 0.2x_2 + 0.31x_3 - 0.17x_4 + 0.03x_5 + 0.17x_6 - 0.54x_7 - 0.01x_8 \\
&+0.54x_9 - 0.46x_{10} + 0.09x_{11} + 0.54x_{12} + 0.1x_{13} - 0.2x_{14} + 0.03x_{15} \\
&-0.39x_{16} - 0.14x_{17} - 0.02x_{18} - 0.14x_{19} - 0.2x_{20} + 0.16x_{21} - 0.02x_{22} \\
&+0.2x_{23} - 0.04x_{24} - 0.2x_{25} - 0.02x_{26} + 0.32x_{27}
\end{aligned} \tag{4.9}
$$

$$
\begin{aligned}
F_7 = &0.17x_1 - 0.3x_2 - 0.31x_3 + 0.13x_4 - 0.04x_5 + 0.19x_6 + 0.18x_7 + 0.24x_8 \\
&+0.19x_9 + 0.18x_{10} + 0.31x_{11} + 0.01x_{12} + 0.25x_{13} - 0.1x_{14} + 0.21x_{15} \\
&+0.43x_{16} + 0.01x_{17} - 0.29x_{19} - 0.41x_{20} + 0.11x_{21} + 0.35x_{22} + 0.07x_{23} \\
&+0.16x_{24} - 0.36x_{25} - 0.22x_{26} + 0.31x_{27}
\end{aligned} \tag{4.10}
$$

$$
\begin{aligned}
F_8 = &-0.01x_1 - 0.06x_2 + 0.25x_3 - 0.17x_4 - 0.33x_5 - 0.02x_6 + 0.58x_7 - 0.17x_8 \\
&+0.28x_9 - 0.2x_{10} + 0.32x_{11} - 0.13x_{12} - 0.29x_{13} - 0.04x_{14} + 0.13x_{15} \\
&-0.03x_{16} + 0.01x_{17} - 0.22x_{18} - 0.19x_{19} + 0.14x_{20} + 0.26x_{21} + 0.18x_{22} \\
&+0.11x_{23} - 0.12x_{24} + 0.39x_{25} + 0.19x_{26} + 0.16x_{27}
\end{aligned} \tag{4.11}
$$

$$F_9 = -0.15x_1 + 0.16x_2 - 0.23x_3 + 0.03x_4 + 0.16x_5 - 0.22x_6 + 0.05x_7$$
$$+ 0.32x_8 + 0.3x_9 - 0.2x_{11} + 0.14x_{12} + 0.05x_{13} + 0.28x_{14} - 0.06x_{15}$$
$$+ 0.4x_{16} - 0.05x_{18} - 0.18x_{19} + 0.1x_{20} + 0.3x_{21} - 0.46x_{22} - 0.23x_{24}$$
$$+ 0.18x_{25} + 0.06x_{26} + 0.17x_{27}$$

（4.12）

从表 4.5 可以看出：在第一主成分 F_1 中粗糙元面积比系数最大，因此主要影响作用的是粗糙元面积比；在第二主成分 F_2 中，破碎程度的系数最大；在 F_3 中，坡顶裂缝的系数最大；在 F_4 中，岩性系数最大；在 F_5 中，坡度影响系数最大，但是坡顶加载系数 -0.750 的绝对值大于坡度系数 0.694；在 F_6 中，平均裂隙宽度的系数最大，但是岩体温度系数 -0.542 与平均裂隙宽度相等；在 F_7 中，多元性的系数最大；在 F_8 中，岩体温度系数最大；在 F_9 中，多元性系数最大。

总之，第一、第二、第六、第七、第九主成分反映粗糙度指标，第三、第四、第五、第六主成分反映风化程度。坡度、坡高、坡向反映的系数都比较大，其次是坡顶加载、坡顶裂缝等系数，而风化程度、坡顶加载、坡顶裂缝、坡度等因子都是反映稳定性的指标，各因子反映明确，不用进行因子扭转。

4.3.2　岩质边坡微立地类型划分结果

采用组间链接法聚类，利用 Chebychev 距离，即两观察单位间的距离为其值差的绝对值和，Z-scores 得分标量进行标准化的方法进行聚类分析。可将岩质坡面单元样本分为 3 个类别。第 I 类，山体开挖边坡，海拔在 154～189 m，坡度在 60°～90°，坡向以阴坡为主，岩性以灰岩为主，碱性，逆顺参半，深色岩体，粗糙度高，微风化，稳定性良好。第 II 类，山体开挖边坡，海拔在 145～150 m，U 形谷地貌，阳坡，坡度在 70°～90°，石灰岩碱性，顺坡、浅色，粗糙度较高，中风化，稳定相差。第 III 类，海拔在 100～450 m，包含 U 形环坡，坡度在 40°～70°，阴坡居多，岩性主要为灰岩，顺坡，深色，粗糙度较高，中风化，稳定性差。

结合第 3 章边坡调查结果对岩质边坡分类按坡度重新修正为：缓坡，岩质边坡坡度 ≤30°；斜坡，岩坡坡度为 30°～45°；陡坡，岩坡坡度为 45°～65°；高陡坡，岩坡坡度为 65°～90°。按坡高重新修正为：超高边坡，岩质边坡坡高 >30 m；高边坡，岩坡坡高为 15～30 m；中高边坡，岩坡坡高为 8～15 m；低边坡，岩坡坡高 <8 m。但是边坡坡高超过 10 m 就要分阶处理，因此，可以分为单面坡、多级边坡两类。

微立地条件类型是以主导因子作为划分的依据，故微立地分类采用造成坡面差异的主导因子组合命名原则。岩质坡面分类主要在于坡面的风化程度、粗糙度、坡向等因素的差异，故以稳定性+粗糙程度+坡向+坡度+坡高来命名。另外坑底为粗砾石平地，单列一种类型。

通过完全组合并结合实际调查情况，在调查范围内主要有以下 29 个微立地类型，见表 4.6。

表 4.6　岩质边坡微立地类型

二级微立地类型	类型名称
岩质边坡微立地类型	稳定粗糙阴阳高陡坡
	稳定粗糙阴陡坡
	稳定粗糙阳陡坡
	稳定较光滑阳高陡坡
	不稳定粗糙阳高陡坡
	不稳定粗糙阴阳高陡坡
	不稳定较粗糙阴高陡坡
	不稳定较粗糙阴阳高陡坡
	不稳定较光滑阳高陡坡
	不稳定较粗糙阳高陡坡
	不稳定粗糙阳斜坡
	不稳定较光滑阴高陡坡
	不稳定较光滑阳斜坡
	不稳定较光滑阴陡坡
	不稳定粗糙阳高陡坡
	稳定中等粗糙阳陡坡
	稳定较粗糙阴陡坡
	稳定较粗糙阳陡坡
	稳定较粗糙阴斜坡
	稳定较粗糙阳斜坡
	稳定中等粗糙阴斜坡
	稳定中等粗糙阳斜坡
	稳定中等粗糙阴陡坡
	稳定中等粗糙阳陡坡
	稳定中等粗糙碎屑阳陡坡
	稳定粗糙块石阴陡坡
	稳定粗糙块石阳陡坡
	稳定灰浆抹面光滑阳陡坡
	稳定光滑阳陡坡

4.4　堆体边坡微立地类型划分

4.4.1　主成分筛选

堆体边坡从质地上可以有土质边坡、土石边坡、碎石边坡、粉渣边坡等，组成物粒径差异大，土壤、养分极度缺失。因此，针对堆体边坡的微立地条件要对坡度、坡向、坡高、质地构成、颜色、温度、平均粒径、堆体硬度、冲蚀沟、浮石、坡顶加载、坡脚削坡、土壤含水量、容重、有机质、速效磷、速效钾、全氮、pH、厚度等因子（表4.7）进行测量和统计分析。

表4.7　因子特征值矩阵

因子	1	2	3	4	5	6	7	8
坡度	−0.33	−0.01	0.19	0.32	0.49	0.53	0.22	0.13
坡向	0.39	0.60	0.32	0.13	0.23	0.17	0.29	−0.10
坡高	−0.37	0.27	0.52	0.16	0.42	0.33	−0.23	0.11
质地构成	0.02	−0.12	−0.65	−0.01	0.28	0.20	0.37	−0.35
颜色	0.38	−0.25	0.28	−0.20	−0.38	0.57	0.25	0.15
温度	0.16	−0.58	0.37	0.38	0.09	−0.19	0.27	0.04
平均粒径	−0.42	0.32	0.35	−0.35	0.34	−0.28	−0.18	0.02
堆体硬度	0.08	0.19	−0.48	0.61	0.18	−0.18	0.16	0.25
冲蚀沟	0.53	−0.10	−0.04	−0.47	0.50	−0.11	−0.08	−0.13
浮石	0.46	0.40	0.14	−0.26	−0.23	−0.27	0.47	0.09
坡顶加载	0.32	0.05	−0.15	−0.36	0.58	−0.20	0.12	0.23
坡脚削坡	0.00	0.19	0.75	0.27	−0.11	−0.31	0.23	0.17
土壤含水量	0.12	−0.12	0.63	0.04	0.12	−0.08	0.08	−0.66
容重	0.07	0.16	0.21	−0.64	−0.09	0.26	−0.02	0.29
有机质	0.74	0.47	−0.17	0.22	0.01	0.11	−0.28	0.07
速效磷	−0.55	0.57	−0.16	−0.03	0.01	−0.16	0.29	0.15
速效钾	0.03	0.79	0.12	0.11	−0.25	0.04	−0.18	−0.22
全氮	0.77	0.50	−0.12	0.25	0.03	0.09	−0.16	−0.07
pH	0.32	−0.44	0.24	0.29	0.07	−0.14	−0.33	0.22
厚度	−0.76	0.35	−0.17	0.02	−0.12	0.03	−0.03	−0.13

由表4.7可以看出，前8个特征值的累计贡献率已达到80.058%，所以取前8个主成分进行分析，得到关系式如下。

$$F_1 = -0.33x_1 + 0.39x_2 - 0.37x_3 + 0.02x_4 + 0.38x_5 + 0.16x_6 - 0.42x_7 + 0.08x_8$$
$$+ 0.53x_9 + 0.46x_{10} + 0.32x_{11} + 0.12x_{13} + 0.07x_{14} + 0.74x_{15} - 0.55x_{16} \qquad (4.13)$$
$$+ 0.03x_{17} + 0.77x_{18} + 0.32x_{19} - 0.76x_{20}$$

$$F_2 = -0.01x_1 + 0.6x_2 + 0.27x_3 - 0.12x_4 - 0.25x_5 - 0.58x_6 + 0.32x_7 + 0.19x_8$$
$$- 0.1x_9 + 0.4x_{10} + 0.05x_{11} + 0.19x_{12} - 0.12x_{13} + 0.16x_{14} + 0.47x_{15} \qquad (4.14)$$
$$+ 0.57x_{16} + 0.79x_{17} + 0.5x_{18} - 0.44x_{19} + 0.35x_{20}$$

$$F_3 = 0.19x_1 + 0.32x_2 + 0.52x_3 - 0.65x_4 + 0.28x_5 + 0.37x_6 + 0.35x_7 - 0.48x_8$$
$$- 0.04x_9 + 0.14x_{10} - 0.15x_{11} + 0.75x_{12} + 0.63x_{13} + 0.21x_{14} - 0.17x_{15} \tag{4.15}$$
$$- 0.16x_{16} + 0.12x_{17} - 0.12x_{18} + 0.24x_{19} - 0.17x_{20}$$

$$F_4 = 0.32x_1 + 0.13x_2 + 0.16x_3 - 0.01x_4 - 0.2x_5 + 0.38x_6 - 0.35x_7 + 0.61x_8$$
$$- 0.47x_9 - 0.26x_{10} - 0.36x_{11} + 0.27x_{12} + 0.04x_{13} - 0.64x_{14} + 0.22x_{15} \tag{4.16}$$
$$- 0.03x_{16} + 0.11x_{17} + 0.25x_{18} + 0.29x_{19} + 0.02x_{20}$$

$$F_5 = 0.49x_1 + 0.23x_2 + 0.42x_3 + 0.28x_4 - 0.38x_5 + 0.09x_6 + 0.34x_7 + 0.18x_8$$
$$+ 0.5x_9 - 0.23x_{10} + 0.58x_{11} - 0.11x_{12} + 0.12x_{13} - 0.09x_{14} + 0.01x_{15} \tag{4.17}$$
$$+ 0.01x_{16} - 0.25x_{17} + 0.03x_{18} + 0.07x_{19} - 0.12x_{20}$$

$$F_6 = 0.53x_1 + 0.17x_2 + 0.33x_3 + 0.2x_4 + 0.57x_5 - 0.19x_6 - 0.28x_7 - 0.18x_8$$
$$- 0.11x_9 - 0.27x_{10} - 0.2x_{11} - 0.31x_{12} - 0.08x_{13} + 0.26x_{14} + 0.11x_{15} \tag{4.18}$$
$$- 0.16x_{16} + 0.04x_{17} + 0.09x_{18} - 0.14x_{19} + 0.03x_{20}$$

$$F_7 = 0.22x_1 + 0.29x_2 - 0.23x_3 + 0.37x_4 + 0.25x_5 + 0.27x_6 - 0.18x_7 + 0.16x_8$$
$$- 0.08x_9 + 0.47x_{10} + 0.12x_{11} + 0.23x_{12} + 0.08x_{13} - 0.02x_{14} - 0.28x_{15} \tag{4.19}$$
$$+ 0.29x_{16} - 0.18x_{17} - 0.16x_{18} - 0.33x_{19} - 0.03x_{20}$$

$$F_8 = 0.13x_1 - 0.1x_2 + 0.11x_3 - 0.35x_4 + 0.15x_5 + 0.04x_6 + 0.02x_7 + 0.25x_8$$
$$- 0.13x_9 + 0.09x_{10} + 0.23x_{11} + 0.17x_{12} - 0.66x_{13} + 0.29x_{14} + 0.07x_{15} \tag{4.20}$$
$$+ 0.15x_{16} - 0.22x_{17} - 0.07x_{18} + 0.22x_{19} - 0.13x_{20}$$

在 F_1 中，厚度和冲蚀沟的系数较大；在 F_2 中，速效钾、速效磷、全氮系数较大；在 F_3 中，边坡削坡系数最大，其次是含水量；在 F_4 中，堆体硬度的系数最大，容重的系数为负数，绝对值较大；在 F_5 中，坡顶加载系数和冲蚀沟系数较大；在 F_6 中，颜色系数和坡度系数较大；在 F_7 中，浮石系数最大；在 F_8 中，堆体硬度系数最大，土壤含水量和质地构成系数为负值且绝对值较大。边坡削坡、坡顶加载、冲蚀沟、土壤含水量、土壤紧实度、土肥因子等是反映边坡稳定性、土肥性、地貌等的指标，因此是决定堆体边坡微立地分类的重要因素。

华北地区土壤受黄土母质影响，堆体边坡土壤速效钾的含量水平较高，可以满足植被生长的需要；堆体边坡的有机质含量在 0.113%～2.603%，肥力水平较低；pH 为 7.2～7.6，呈弱碱性，适宜植物生长。土壤含水量、全氮、速效磷的影响由于调查期间天气情况不统一，只能粗略反映水平分布情况，不能直接作为立地类型划分的主导因子。

4.4.2 堆体边坡微立地类型划分结果

根据 Chebychev 距离和标准差法，可以将影响因子分为 5 个类别：第一类，平均粒径，此为粗糙度的反映指标；第二类，稳定性指标；第三类，微地貌指标；第四类，堆体硬度为稳定性指标；第五类，边坡稳定性指标。因此，采用以划分微立地的主导因子：粒径级别+坡向+坡度结合的方式为堆体边坡微立地类型命名。通过完全组合并结合实际调查情况，得到 37 种堆体边坡微立地类型，见表 4.8。

表 4.8 堆体边坡微立地类型

二级微立地类型	类型名称
	稳定碎石堆积阴陡坡
	稳定碎石堆积阳陡坡
	稳定土石混合阴陡坡
	稳定土石混合阴阳陡坡
	稳定土石混合分级阳斜坡
	稳定大石块堆积阳斜坡
	不稳定碎石分级阳陡坡
	不稳定土石混合分级阳陡坡
	不稳定土石混合阳陡坡
	不稳定土石混合阴阳斜坡
	不稳定石块堆积阳陡坡
	不稳定碎石堆积阳陡坡
	不稳定碎石堆积阳斜坡
	不稳定石块堆积阴高陡坡
	不稳定土石混合分级阴阳陡坡
	不稳定土石混合分级阳高陡坡
	稳定细粒厚层阴阳陡坡
堆体边坡微立地类型	稳定中粒中厚阴阳陡坡
	稳定中粒厚层阳陡坡
	稳定粗粒厚层阴陡坡
	稳定细粒中厚阳斜坡
	稳定细粒厚层阳陡坡
	稳定软质厚层阳斜坡
	稳定硬质薄层阴阳陡坡
	稳定硬质薄层阳斜坡
	稳定硬质中厚阴阳斜坡
	稳定中粒中厚阳斜坡
	稳定细粒厚层阴斜坡
	稳定细粒中厚阴陡坡
	稳定硬质薄层阴阳陡坡
	稳定硬质厚层阳斜坡
	稳定较粗糙土石阴陡坡
	稳定较粗糙土石阴斜坡
	稳定中粗糙土石阳陡坡
	稳定中粗糙土石阳斜坡

二级微立地类型	类型名称
堆体边坡微立地类型	稳定较粗糙粗粒阳缓坡
	稳定尾矿砂堆体边坡

4.5　矿山废弃地微立地类型系统

　　根据岩质边坡微立地类型和堆体边坡微立地类型划分情况，再结合一级立地类型，通过完全组合并结合实际调查情况，可得出华北地区矿山废弃地微立地类型系统（表4.9）。在实际运用过程中，还需要因地制宜地进行更加有针对性的细致分析和分类，才能更加科学、有效地指导植被恢复。

表 4.9　矿山废弃地微立地类型系统

森林立地大区	森林立地亚区	一级立地类型	二级微立地类型
燕山太行山山地立地地区、华北平原立地地区	太行山北段山地立地亚区、冀西石质山地立地亚区、辽河黄泛平原立地亚区	低山近平原沟底岩质边坡	不稳定粗糙阴阳高陡坡
			稳定粗糙阴阳高陡坡
			不稳定较粗糙阴高陡坡
		低山近平原山顶岩质边坡	不稳定较粗糙阴阳高陡坡
		低山近平原山体岩质边坡	不稳定较光滑阳高陡坡
			不稳定粗糙阳高陡坡
		低山近平原山体堆体边坡	稳定碎石堆积阴陡坡
			稳定碎石堆积阳陡坡
			稳定土石混合分级阳斜坡
		低山近平原路堤土质边坡	稳定细粒厚层阴阳陡坡
			稳定中粒中厚阴阳陡坡
			稳定中粒厚层阳陡坡
			稳定粗粒厚层阴阳陡坡
			稳定细粒中厚阳斜坡
			稳定细粒厚层阳陡坡
		低山近平原路堑土质边坡	稳定软质厚层阳斜坡
			稳定硬质薄层阴阳陡坡
			稳定硬质薄层阳斜坡
			稳定硬质中厚阴阳斜坡
		低山近平原路堑岩质边坡	稳定中等粗糙阳陡坡
			稳定较粗糙阴陡坡
			稳定较粗糙阳陡坡

森林立地大区	森林立地亚区	一级立地类型	二级微立地类型
燕山太行山山地立地区、华北平原立地区	太行山北段山地立地亚区、冀西石质山地立地亚区、辽河黄泛平原立地亚区	低山中海拔山体岩质边坡	稳定较光滑阳高陡坡
			不稳定粗糙阳斜坡
		低山中海拔沟底岩质边坡	稳定粗糙阳陡坡
			不稳定较光滑阴高陡坡
			不稳定较粗糙阴阳高陡坡
			稳定粗糙阴陡坡
			不稳定较光滑阳高陡坡
			稳定较光滑阳高陡坡
		低山中海拔山坡堆体边坡	不稳定碎石分级阳陡坡
			不稳定土石混合分级阳陡坡
			不稳定土石混合阳陡坡
			不稳定土石混合阴阳斜坡
			稳定土石混合阴阳陡坡
			不稳定碎石堆积阳陡坡
			不稳定石块堆积阳陡坡
		低山中海拔山顶堆体边坡	稳定碎石堆积阴陡坡
			稳定土石混合阴陡坡
		低山中海拔沟底堆体边坡	不稳定土石混合阳陡坡
			不稳定碎石堆积阳陡坡
		低山中海拔路堤土质边坡	稳定中粒中厚阳斜坡
			稳定细粒厚层阴斜坡
			稳定细粒中厚阴陡坡
		低山中海拔路堑土质边坡	稳定硬质薄层阴阳陡坡
			稳定硬质厚层阳斜坡
		低山中海拔路堑岩质边坡	稳定较粗糙阳陡坡
			稳定较粗糙阳斜坡
			稳定中等粗糙阴斜坡
			稳定中等粗糙阳斜坡
			稳定中粗糙阴陡坡
			稳定较粗糙阳陡坡
		低山中海拔采场岩质边坡	稳定中粗糙碎屑阳陡坡
			稳定粗糙块石阴陡坡
			稳定粗糙块石阳陡坡
			稳定灰浆抹面光滑阳陡坡

森林立地大区	森林立地亚区	一级立地类型	二级微立地类型
燕山太行山山地立地区、华北平原立地区	太行山北段山地立地亚区、冀西石质山地立地亚区、辽河黄泛平原立地亚区	低山中海拔采场岩质边坡	稳定光滑阳陡坡
		低山中海拔弃土场土石边坡	稳定较粗糙土夹微石阴陡坡
			稳定较粗糙碎石土阴陡坡
			稳定较粗糙土石混合阴陡坡
			稳定较粗糙块石土阴陡坡
			稳定较粗糙土夹微石阴斜坡
			稳定较粗糙碎石土阴斜坡
			稳定较粗糙土石混合阴斜坡
			稳定较粗糙块石土阴斜坡
			稳定中粗糙土夹微石阳陡坡
			稳定中粗糙碎石土阳陡坡
			稳定中粗糙土石混合阳陡坡
			稳定中粗糙块石土阳陡坡
			稳定中粗糙土夹微石阳斜坡
			稳定中粗糙碎石土阳斜坡
			稳定中粗糙土石混合阳斜坡
			稳定中粗糙块石土阳斜坡
			稳定较粗糙土夹微石阳缓坡
			稳定较粗糙碎石土阳缓坡
			稳定较粗糙土石混合阳缓坡
		低山中海拔尾矿砂堆体边坡	稳定光滑堆积阳缓坡
			稳定光滑堆积阴缓坡
			稳定光滑堆积阴阳缓坡
		低山高海拔山顶岩质边坡	不稳定较光滑阳斜坡
		低山高海拔山体岩质边坡	不稳定较粗糙阳高陡坡
			不稳定较粗糙阴高陡坡
			不稳定较光滑阴陡坡
			不稳定较光滑阴高陡坡
			稳定粗糙阴陡坡
			不稳定粗糙阳高陡坡
		低山高海拔山体堆体边坡	不稳土石混合阴阳斜坡
			不稳定土石混合分级阴阳陡坡
			不稳定土石混合分级阳高陡坡
			不稳定碎石堆积阳斜坡

森林立地大区	森林立地亚区	一级立地类型	二级微立地类型
燕山太行山山地立地区、华北平原立地区	太行山北段山地立地亚区、冀西石质山地立地亚区、辽河黄泛平原立地亚区	低山高海拔山体堆体边坡	稳定石块堆积阳斜坡
			稳定碎石堆积阳陡坡
			不稳定碎石堆积阳陡坡
			稳定碎石堆积阴斜坡
			不稳定石块堆积阴高陡坡

第 5 章　微立地质量评价

5.1　微立地特性分析

根据调查实际结果统计和总结，对每一项微立地类型进行特性分析（表 5.1、表 5.2），有助于评价其立地条件质量。

表 5.1　岩质边坡微立地类型特性表

微立地类型	特性分析
稳定粗糙阴阳高陡坡	U 形谷地边坡，浅色灰岩，坡度为 80°～90°风化物填充发育的节理，微风化
稳定粗糙阳陡坡	坑采矿边坡，铁黄色，坡度＞55°，粗糙度大，微风化
稳定较光滑阳高陡坡	山体边坡，浅色灰岩，坡面较光滑，硬度高，坡度接近 90°
稳定粗糙阴陡坡	花岗岩边坡，坡度为 60°～90°，深色，风化物填充裂隙，削坡设立挡墙，坡顶碎石堆加载
不稳定粗糙阳高陡坡	U 形环山坡，深色灰岩，坡度为 50°～90°，碎石砂土填充裂隙，中风化，坡顶土层加载
不稳定粗糙阴阳高陡坡	U 形谷地边坡，深色花岗岩，坡度为 65°～90°，节理顺坡，有稳定性存在风化物填充裂隙，坡顶土层加载
不稳定较粗糙阴高陡坡	山沟底部边坡，浅色灰岩，坡度为 40°～90°，裂隙发育，碎石填充，微风化，坡顶土层加载
不稳定较粗糙阴阳高陡坡	浅色灰岩，坡度为 70°～90°，节理顺坡，裂隙发育，风化物填充，中风化，坡顶土层加载
不稳定较光滑阳高陡坡	U 形山体边坡，浅色灰岩，坡度为 80°～90°，节理顺坡或平坡，随时填充裂隙，微风化
不稳定较粗糙阳高陡坡	山体边坡，深色灰岩，坡度＞70°，节理顺坡，填充裂隙，微风化，坡顶有土层加载
不稳定粗糙阳斜坡	山体边坡，多曲线凹坡，坡度为 45°以上，灰质板岩，坡中有浮石，中风化
不稳定较光滑阴高陡坡	坑底矿山废弃地，坡度＞60°，浅色灰岩，节理顺坡，微风化，坡顶有碎石加载
不稳定较光滑阳斜坡	山顶边坡，深色灰岩，风化物填充裂隙，微风化，坡脚削坡
不稳定较光滑阴陡坡	山体边坡，深色灰岩，坡度＞60°，节理顺坡，坡中有浮石，中风化
不稳定粗糙阳高陡坡	山体边坡，浅色灰岩，坡度＞62°，节理顺坡，浮石满布，随时填充裂隙，微风化，坡脚削坡，坡顶有碎石堆加载
稳定中等粗糙阳陡坡	近平原路堑岩质边坡，坡度为 60°～70°，坡长较长（＞10 m），粗糙度中等（＞10～20 cm），裂隙密度中等（50～100 cm），裂隙宽度中等（5～10 cm）
稳定较粗糙阴陡坡	近平原路堑岩质边坡，坡度为 50°，坡向为阴坡，坡长较长（＞10 m），粗糙度较大（＞20 cm），裂隙密度中等（50～100 cm），裂隙宽度中等（5～10 cm）
稳定较粗糙阳陡坡	路堑岩质边坡，坡度为 50°，坡向为阳坡，坡长较短（＜5 m），粗糙度较大（＞20 cm）
稳定较粗糙阴斜坡	中海拔路堑岩质边坡，坡度为 45°～70°，坡向多为阳坡，坡长中等（5～10 m），粗糙度较大（＞20 cm），裂隙密度中等（50～100 cm），裂隙宽度中等（5～10 cm）

续表

微立地类型	特性分析
稳定较粗糙阳斜坡	中海拔路堑岩质边坡，坡度为40°～45°，坡向为阳坡，坡长中等（5～10 m），粗糙度较大（>20 cm），裂隙密度较小（20～50 cm），裂隙宽度中等（5～10 cm）
稳定中等粗糙阴斜坡	中海拔路堑岩质边坡，坡度为35°～55°，坡向多为阴坡，坡长中等（5～10 m），粗糙度中等（>10～20 cm），裂隙密度中等（50～100 cm），裂隙宽度中等（5～10 cm）
稳定中等粗糙阳斜坡	中海拔路堑岩质边坡，坡度为45°，坡向为阳坡，坡长较短（3.8 m），粗糙度中等（10～20 cm），裂隙密度中等（50～100 cm），裂隙宽度中等（5～10 cm）
稳定中等粗糙阴陡坡	中海拔路堑岩质边坡，坡度为60°～65°，坡向为阴坡，坡长较长（>10 m），粗糙度中等（10～20 cm），裂隙密度大（>100 cm），裂隙宽度中等（5～10 cm）
稳定中等粗糙阳陡坡	中海拔路堑岩质边坡，坡度为70°，坡向为阳坡，坡长较短（<5 m），粗糙度较大（>20 cm），裂隙密度大（>100 cm），裂隙宽度中等（5～10 cm）
稳定中等粗糙碎屑阳陡坡	采场岩质边坡，陡坡，坡体表面为松散岩屑或颗粒状胶结物
稳定粗糙块石阴陡坡	采场岩质边坡，岩面凹凸不平，块石错落镶嵌，裂隙发育有浮石，坡脚堆积，有少量土壤及母质
稳定粗糙块石阳陡坡	采场岩质边坡，岩面粗糙不平，风化，局部碎裂，有浮石及崩落物
稳定灰浆抹面光滑阳陡坡	采场岩质边坡，陡坡，经人工加固，灰浆抹面，稳定，分级边坡
稳定光滑阳陡坡	采场岩质边坡，裂隙不发育，平整巨石边坡，强度和稳定性较好，坡脚往往有开采遗留下来的松散岩屑

表 5.2　堆体边坡微立地特性表

微立地类型	立体条件评价
稳定碎石堆积阴陡坡	碎石或角砾石堆积，深色岩体黑色或深黄色，粒径较小，多处于采石场中，太阳辐射表面温度变化大，往往有少量浮石位于坡中
稳定大石块堆积阳斜坡	大石块堆积，少有更大浮石和涌水，堆积后相对稳定
稳定碎石堆积阳陡坡	为煤矸石或砾石堆积体，颜色为深色，青黑色、深黄色，受太阳辐射影响大，紧实度变化相对稳定，稳定性较好
稳定土石混合分级阳斜坡	一般见于采石场，为大面积山体开挖后废弃物大量堆积而成，分多级堆放，坡脚一般设有挡墙
稳定土石混合阴阳陡坡	角砾石混合砂土堆积，坡度虽陡，但是无浮石和冲蚀沟，坡形好，相对稳定
稳定土石混合阴陡坡	角砾石混合砂土堆积，位于山顶阴向，坡度虽陡，但是土石混合合理，无冲蚀沟和浮石等，相对稳定
不稳定碎石堆积阳斜坡	碎角砾石堆积，坡度>45°，粒径不均，坡顶有少量大浮石，坡体有较宽冲蚀沟
不稳定石块堆积阴高陡坡	较大石块堆积，但是坡度较大，>65°，不平整，顶部与坡脚有板状浮石
不稳定碎石分级阳陡坡	碎板岩堆积体，坡高较大，分级堆放，坡度>44°，紧实度外大里小，坡中、坡脚有浮石，坡脚有挡墙

续表

微立地类型	立体条件评价
不稳定土石混合分级阳陡坡	土石混合堆积，分成若干阶级堆放，坡面较大，主要在坡脚、坡中有浮石，坡度较大
不稳定石块堆积阳陡坡	大石块堆积，坡度>45°，堆积松散，有冲蚀沟，坡脚、坡中都有浮石
不稳定土石混合阳陡坡	碎石沙黏土堆积，采坑内底部堆积，紧实度小，有较宽的冲蚀沟
不稳定碎石堆积阳陡坡	碎砾石堆积，见于山沟边坡，坡体均分布浮石
不稳定土石混合阴阳斜坡	花岗岩碎石土混合堆积，堆积松散，紧实度变化无规则，坡中有浮石
不稳定土石混合分级阴阳陡坡	花岗岩碎石土混合堆积，堆积松散，堆积外硬里松，坡中有浮石，有少量冲蚀沟
不稳定土石混合分级阳高陡坡	碎石黄土混合堆积，坡度大，紧实度小，坡顶有浮石
稳定细粒厚层阴阳陡坡	近平原路堤土质边坡，坡度>55°，坡向为半阴坡，土壤硬度中等（15~20 mm），土壤较厚（>20 cm），土壤粒径小（<0.05 mm 颗粒>75%）
稳定中粒中厚阴阳陡坡	近平原路堤土质边坡，坡度>65°，坡向为半阳坡，土壤硬度中等（15~20 mm），土壤厚度中等（15~20 cm），土壤粒径中等（<0.05 mm 颗粒为 70%~75%）
稳定中粒厚层阳陡坡	近平原路堤土质边坡，坡度>55°，坡向为阳坡，土壤硬度中等（15~20 mm），土壤较厚（>20 cm），土壤粒径中等（<0.05 mm 颗粒为 70%~75%）
稳定粗粒厚层阴陡坡	近平原路堤土质边坡，坡度>50°，坡向为阴坡，土壤硬度中等（15~20 mm），土壤较厚（>20 cm），土壤粒径较大（<0.05 mm 颗粒<70%）
稳定细粒中厚阳斜坡	近平原路堤土质边坡，坡度>40°，坡向为阳坡，土壤硬度中等（10~20 mm），土壤厚度中等（15~20 cm），土壤粒径较小（<0.05 mm 颗粒>75%）
稳定细粒厚层阳陡坡	近平原路堤土质边坡，坡度>55°，坡向为阳坡，土壤硬度中等（10~20 mm），土壤较厚（>20 cm），土壤粒径较小（<0.05 mm 颗粒>75%）
稳定软质厚层阳斜坡	近平原路堑土质边坡，坡度为 40°~45°，坡向为阳坡，坡长 7.5 m，土壤硬度较软（<10 mm），土壤较厚（>20 cm）
稳定硬质薄层阴阳陡坡	近平原路堑土质边坡，坡度 45°~50°，坡向为半阴坡，坡长<5 m，土壤硬度较大（20~25 mm），土壤较薄（<10 cm）
稳定硬质薄层阳斜坡	近平原路堑土质边坡，坡度>40°，坡向为阳坡，坡长<5 m，土壤硬度较大（20~25 mm），土壤较薄（<10 cm）
稳定硬质中厚阴阳斜坡	近平原路堑土质边坡，坡度为 35°，坡向为半阳坡，坡长<6.3 m，土壤硬度较大（20~25 mm），土壤厚度中等（15~20 cm）
稳定中粒中厚阳斜坡	中海拔路堤土质边坡，坡度为 35°~40°，坡向为阳坡，坡长为 5.2 m，土壤硬度较大（20~25 mm），土壤厚度中等（15~20 cm），速效磷、速效钾、有机质和全氮含量均较低，土壤粒径中等（<0.05 mm 颗粒为 70%~75%）
稳定细粒厚层阴斜坡	中海拔路堤土质边坡，坡度为 35°~40°，坡向为阴坡或半阳坡，坡长<5 m，土壤硬度较大（20~25 mm），土壤较厚（20 cm），速效钾含量较高，有机质含量中等，速效磷和全氮含量较低，土壤粒径较小（<0.05 mm 颗粒>75%）

续表

微立地类型	立体条件评价
稳定细粒中厚阴陡坡	中海拔路堤土质边坡，坡度＞45°，坡向为阴坡，坡长＜6.3 m，土壤硬度较大（20～25 mm），土壤厚度中等（15～20 cm），速效磷含量较高，速效钾、有机质和全氮含量较低，土壤粒径较小（＜0.05 mm 颗粒＞75%）
稳定硬质薄层阴阳陡坡	中海拔路堑土质边坡，坡度＞60°，坡向为半阴坡，土壤硬度大（＞20 mm），土壤较薄（＜10 cm）
稳定硬质厚层阳斜坡	中海拔路堑土质边坡，坡度＜45°，坡向为阳坡，土壤硬度大（＞20 mm），土壤较厚（＞20 cm）
稳定较粗糙土石阴陡坡	中海拔弃土场土石边坡，坡度≥45°，包含土夹微石阴陡坡、碎石土阴陡坡、土石混合阴陡坡、块石土阴陡坡
稳定较粗糙土石阴斜坡	中海拔弃土场土石边坡，坡度为20°～45°，包含土夹微石阴斜坡、碎石土阴斜坡、土石混合阴斜坡、块石土阴斜坡
稳定中粗糙土石阳陡坡	中海拔弃土场土石边坡，坡度≥45°，包含土夹微石阳陡坡、碎石土阳陡坡、土石混合阳陡坡、块石土阳陡坡
稳定中粗糙土石阳斜坡	中海拔弃土场土石边坡，坡度为20°～45°，土夹微石阳斜坡、碎石土阳斜坡、土石混合阳斜坡、块石土阳斜坡
稳定较粗糙粗粒阳缓坡	中海拔弃土场土石边坡，坡度≤20°，包含土夹微石阳缓坡、碎石土阳缓坡、土石混合阳缓坡
稳定尾矿砂堆体边坡	中海拔矿砂堆体边坡，坡度普遍较平缓，边坡物质组成均为单一尾矿砂，理化性质相同，并且坡度均缓和，可以根据坡向分为阳缓坡、阴缓坡、阴阳缓坡三种微立地类型

5.2　微立地质量评价

　　微立地质量评价，是为了更准确更有效地利用土地和采取适宜的技术措施。在评价的过程中，指标的权重是很重要的信息，评价指标权重的确定在一定程度上关系评价结果的科学性和准确性（李晓倩，2012）。对于有林地的立地质量评价，多是通过筛选林木生长的主导因子，划分立地类型，再用树种的地位指数与主导因子建立回归方程，以此评价其生产力（胡庭兴 等，1993）。对无林地或者受损林地进行立地质量划分，则多用主观赋权法中的层次结构分析和专家打分法相结合的方法来确定指标的权重，进行最终评价（王娟，2012；赵飞，2008）。鉴于未进行植被恢复的矿山废弃地上没有植被，无法对树种的地位指数与主导因子建立回归方程，层次结构分析和专家打分法又有较强的主观因素影响，因此本书采用了客观赋权法中的均方差决策法（杨洁 等，2009；沈珍瑶 等，2006），来确定矿山废弃地各立地因子的权重，消除人为的主观因素对评价结果的影响。

　　微立地条件质量评价需要筛选合适的评价指标，这些指标要能正确、全面地反映出评价对象的结构、功能及区域特性。首先,在对各立地因子分析的基础上选取适宜的指标。定量化的指标可以现场测定,具有现实操作性和有效性,因此在进行立地质量评价时应该多选定量化的指标,而定性的指标应尽量少用。其次,由于微立地影响因子较多,而在进行立地质量评价时,评价指标应选用对立地影响相对较大的主导因子,去除影响作用小的因子。

对于有林地,可以根据树高、植被类型、植被的生长量等来进行立地质量的评价,但是,对于裸露的矿山废弃地来说,就要通过主导立地因子评价其立地质量。通过对矿山废弃地立地因子的实地调查及室内的实验分析,运用方差分析、主成分分析和聚类分析等方法对各立地类型进行立地质量评价。

5.2.1　指标权重

对各因子指标权重的确定,是立地质量评价的关键。评价指标权重赋值的方法多种多样,主要有单一赋权法和组合赋权法两大类,其中单一赋权法又包括主观赋权法和客观赋权法两类,本书采用为客观赋权法的均方差决策法。均方差决策法是以各评价指标为随机变量,各评价对象在指标下的无量纲的属性值为该随机变量的取值,首先计算出这些随机变量的均方差,将这些均方差进行归一化处理,其结果即为各指标的权重系数(刘占伟 等,2003)。

1. 原始数据的标准化处理

数据标准化的方法有很多种,常用的方法如下:

$$z_{ij} = \frac{y_{ij} - y_j^{\min}}{y_j^{\max} - y_j^{\min}} \qquad i = 1, 2, \cdots, n; \quad j = 1, 2, \cdots, m \tag{5.1}$$

式中:$y_j^{\max}$,$y_j^{\min}$ 分别为 G_j 指标的最大值和最小值。

2. 计算随机变量的均方差

计算随机变量的均值:

$$E(G_i) = \frac{1}{n} \sum_{i=1}^{n} z_{ij} \tag{5.2}$$

计算 G_i 的均方差:

$$\sigma(G_j) = \sqrt{\sum_{n=1}^{n} \left[Z_{ij} - E(G_i) \right]^2} \tag{5.3}$$

3. 计算指标的权系数

将计算得到的均方差进行归一化处理,得到计算指标 G_j 的权系数:

$$W_j = \frac{\sigma(G_j)}{\sum_{j=1}^{m} \sigma(G_j)} \tag{5.4}$$

各指标的权重系数确定后,与标准化后的各指标值的乘积,便是此指标在此微立地类型的得分,各指标的得分之和,即为此类型的最后评分。

5.2.2　微立地质量评价结果

为了评价矿山废弃地不同微立地条件的立地质量,根据微立地质量评价指标数据的标准化值,利用权重系数和评价得分表,得出微立地条件的综合评价表。把矿山废弃地的微立地质量划分为优、良、中、差4个等级（表5.3）。

表 5.3　矿山废弃地微立地质量评价等级

项目	优	良	中	差
得分	>0.75	0.50～0.75	0.25～0.50	<0.25
特征	易直接绿化	需适度改造后绿化	需大量投入进行绿化	不易绿化

由于微立地类型较多,为了将微立地类型和实施绿化措施后的效果进行对比和验证评价,下面仅对经过治理后的典型道路周边微立地类型进行举例评价。

1. 低山近平原路堤土质边坡评价

低山近平原路堤土质边坡微立地类型的主要评价指标有土壤容重、孔隙率、土壤含水量、太阳辐射、坡向、土壤厚度、土壤硬度、土壤有机质、全氮、速效磷、速效钾、pH。根据均方差决策法的思路,计算出各评价指标的权重系数。标准化后的各评价指标与权重系数的乘积,便是此指标在此微立地类型的得分,各指标的得分之和即为此类型的总得分。在低山近平原路堤土质边坡立地类型组的 6 个微立地类型中,其各自得分的平均值作为此微立地类型的得分（表5.4）。

表 5.4　低山近平原路堤土质边坡微立地质量评价

微立地类型	得分	等级
稳定细粒厚层阴阳陡坡	0.48	中
稳定中粒中厚阴阳陡坡	0.44	中
稳定中粒厚层阳陡坡	0.48	中
稳定粗粒厚层阴陡坡	0.51	良
稳定细粒中厚阳斜坡	0.41	中
稳定细粒厚层阳陡坡	0.33	中

由表 5.4 可以看出,稳定粗粒厚层阴陡坡的得分最高,为 0.51,超过了 0.50,对应的质量评价等级为良,适度改造后即可绿化;其余 5 个立地类型的边坡得分均在 0.25～0.50,对应的质量评价等级为中,需大量投入边坡绿化。

边坡绿化一年后边坡植被概况见表5.5,护坡措施均为六棱砖护坡。稳定粗粒厚层阴陡坡的植被盖度为 90%,植被的平均高度为 28.1 cm,长势明显优于其他类型边坡的植被。稳定细粒厚层阳陡坡的植被长势较差,盖度为 70%,植被的平均高度为 14.2 cm。

表 5.5　低山近平原路堤土质边坡植被概况

微立地类型	主要植物种	盖度/%	平均高度/cm	护坡措施
稳定细粒厚层阴阳陡坡	狗尾草、地锦、猪毛蒿	85	17.3	六棱砖
稳定中粒中厚阴阳陡坡	狗尾草、地锦、猪毛蒿	80	15.5	六棱砖
稳定中粒厚层阳陡坡	狗尾草、地锦、猪毛蒿	85	20.0	六棱砖
稳定粗粒厚层阴阳陡坡	狗尾草、地锦、白莲蒿	90	28.1	六棱砖
稳定细粒中厚阳斜坡	狗尾草、葎草、猪毛菜	80	16.7	六棱砖
稳定细粒厚层阳陡坡	狗尾草、地锦、葎草	70	14.2	六棱砖

2. 低山近平原路堑土质边坡评价

低山近平原路堑土质边坡的主要评价指标有土壤容重、孔隙率、土壤含水量、太阳辐射、坡向、土壤厚度、土壤硬度、土壤有机质、全氮、速效磷、速效钾、pH、坡长。根据均方差决策法的思路,计算出各评价指标的权重系数。标准化后的各评价指标与权重系数的乘积,便是此指标在此微立地类型的得分,各指标的得分之和即为此类型的总得分。在低山近平原路堑土质边坡立地类型组的 4 个边坡立地类型中,其各自边坡得分的平均值作为此立地类型的得分（表 5.6）。

表 5.6　低山近平原路堑土质边坡微立地质量评价

边坡立地类型	得分	等级
稳定软质厚层阳斜坡	0.57	良
稳定硬质薄层阴阳陡坡	0.47	中
稳定硬质薄层阳斜坡	0.44	中
稳定硬质中厚阴阳斜坡	0.51	良

由表 5.6 可以看出,稳定软质厚层阳斜坡的得分最高,稳定硬质中厚阴阳斜坡的得分次之,得分均超过了 0.50,对应的质量评价等级为良,适度改造后即可绿化;其余两个立地类型的边坡得分均在 0.25～0.50,对应的质量评价等级为中,需大量投入边坡绿化。

边坡绿化一年后边坡植被概况见表 5.7,护坡措施均为六棱砖护坡。稳定软质厚层阳斜坡的植被盖度为 95%,植被的平均高度为 24.7 cm,长势明显优于其他类型边坡的植被。硬质薄层阳斜坡植被长势较差,盖度为 75%,植被的平均高度为 17 cm。

表 5.7　低山近平原路堑土质边坡植被概况

边坡立地类型	主要植物种	盖度/%	平均高度/cm	护坡措施
稳定软质厚层阳斜坡	狗尾草、地锦、山莴苣	95	24.7	六棱砖
稳定硬质薄层阴阳陡坡	狗尾草、地锦、灰绿藜	85	16.4	六棱砖

续表

边坡立地类型	主要植物种	盖度/%	平均高度/cm	护坡措施
稳定硬质薄层阳斜坡	狗尾草、灰绿藜、猪毛蒿	75	17.0	六棱砖
稳定硬质中厚阴阳斜坡	狗尾草、地锦、蒙古蒿	90	19.8	六棱砖

3. 低山中海拔路堤土质边坡评价

低山中海拔路堤土质边坡的主要评价指标有太阳辐射、坡度、坡向、坡长、土壤厚度、土壤硬度、土壤粒径、土壤有机质、全氮、速效磷、速效钾。在低山中海拔路堤土质边坡立地类型组的 3 个边坡立地类型中，其各自边坡得分的平均值作为此立地类型的得分（表 5.8）。

表 5.8　低山中海拔路堤土质边坡微立地质量评价

边坡立地类型	得分	等级
稳定中粒中厚阳斜坡	0.51	良
稳定细粒厚层阴斜坡	0.68	良
稳定细粒中厚阴陡坡	0.50	良

由表 5.8 由可以看出，3 个类型边坡的得分均超过了 0.50，对应的质量评价等级为良，适度改造后即可绿化。

边坡绿化一年后边坡植被概况见表 5.9，护坡措施均为拱形护坡。稳定细粒厚层阴斜坡的植被是草本与灌木相配，盖度为 90%，植被的平均高度为 26.4cm，长势明显优于其他类型边坡的植被。稳定中粒中厚阳斜坡的植被长势较差，盖度为 80%，植被的平均高度为 18.7 cm。

表 5.9　低山中海拔路堤土质边坡植被概况

微立地类型	主要植物种	盖度/%	平均高度/cm	护坡措施
稳定中粒中厚阳斜坡	地锦、猪毛蒿、抱茎苦荬菜	80	18.7	拱形护坡
稳定细粒厚层阴斜坡	胡枝子、地锦、灰绿藜	90	26.4	拱形护坡
稳定细粒中厚阴陡坡	狗尾草、地锦、蒙古蒿	80	21.2	拱形护坡

4. 低山中海拔路堑土质边坡评价

低山中海拔路堑土质边坡的主要评价指标有土壤容重、孔隙率、太阳辐射、坡向、坡度、土壤粒径、土壤厚度、土壤硬度、土壤有机质、全氮、速效磷、速效钾。在低山中海拔路堑土质边坡立地类型组的 2 个边坡立地类型中，其各自边坡得分的平均值作为此立地类型的得分（表 5.10）。

由表 5.10 可以看出，稳定硬质厚层阳斜坡的得分最高，为 0.55，对应的质量评价等级为良，适度改造后即可绿化。稳定硬质薄层阴阳陡坡的得分最低，为 0.41，对应的质量评价等级为中，需大量投入边坡绿化。

表 5.10　低山中海拔路堑土质边坡微立地质量评价

微立地类型	得分	等级
稳定硬质薄层阴阳陡坡	0.41	中
稳定硬质厚层阳斜坡	0.55	良

　　边坡绿化一年后边坡植被概况见表 5.11。稳定硬质厚层阳斜坡没有任何护坡措施，植被多为小灌木，盖度为 85%，植被的平均高度为 23.9 cm。稳定硬质薄层阴阳陡坡为六棱砖护坡，植被盖度为 80%，植被的平均高度为 16.5 cm。

表 5.11　低山中海拔路堑土质边坡植被概况

微立地类型	主要植物种	盖度/%	平均高度/cm	护坡措施
稳定硬质薄层阴阳陡坡	胡枝子、地锦、狗尾草	80	16.5	六棱砖
稳定硬质厚层阳斜坡	沙打旺、紫苜蓿、胡枝子	85	23.9	无

5. 低山近平原路堑岩质边坡评价

　　低山近平原路堑岩质边坡的主要评价指标有太阳辐射、坡度、坡向、坡长、粗糙度、裂隙密度、裂隙宽度和风化程度。低山近平原路堑岩质边坡立地类型组的 3 个边坡立地类型中，其各自边坡得分的平均值作为此立地类型的得分（表 5.12）。

表 5.12　低山近平原路堑岩质边坡微立地质量评价

微立地类型	得分	等级
稳定中等粗糙阳陡坡	0.34	中
稳定较粗糙阴陡坡	0.51	良
稳定较粗糙阳陡坡	0.52	良

　　由表 5.12 可以看出，稳定较粗糙阳陡坡的得分最高，为 0.52；稳定较粗糙阴陡坡的得分次之，为 0.51，两种边坡类型得分均超过了 0.50，对应的质量评价等级为良，适度改造后即可绿化。稳定中等粗糙阳陡坡的得分最低，为 0.34，对应的质量评价等级为中，需大量投入边坡绿化。

　　边坡绿化一年后边坡植被概况见表 5.13。稳定较粗糙阳陡坡为挂网喷播，主要植物种为秋英及胡枝子等小灌木，盖度为 85%，植物平均高度为 24.6 cm；稳定中等粗糙阳陡

表 5.13　低山近平原路堑岩质边坡植被概况

微立地类型	主要植物种	盖度/%	平均高度/cm	护坡措施
稳定中等粗糙阳陡坡	秋英、猪毛蒿、狗尾草	80	20.5	挂网喷播+容器苗栽植
稳定较粗糙阴陡坡	秋英、猪毛蒿、灰菜	80	18.8	挂网喷播+容器苗栽植
稳定较粗糙阳陡坡	胡枝子、秋英、紫穗槐	85	24.6	挂网喷播

坡和稳定较粗糙阴陡坡的护坡措施均为挂网喷播+容器苗栽植,主要植物种为秋英和猪毛蒿等草本,盖度均为80%。

6. 低山中海拔路堑岩质边坡评价

低山中海拔路堑岩质边坡的主要评价指标有太阳辐射、坡度、坡向、坡长、粗糙度、裂隙密度、裂隙宽度和风化程度。低山中海拔路堑岩质边坡立地类型组的 6 个边坡立地类型中,其各自边坡得分的平均值作为此立地类型的得分(表 5.14)。

表 5.14　低山中海拔路堑岩质边坡微立地质量评价

微立地类型	得分	等级
稳定较粗糙阳陡坡	0.44	中
稳定较粗糙阳斜坡	0.53	良
稳定中等粗糙阴斜坡	0.50	良
稳定中等粗糙阳斜坡	0.69	良
稳定中等粗糙阴陡坡	0.27	中
稳定较粗糙阳陡坡	0.46	中

由表 5.14 可以看出,稳定中等粗糙阳斜坡的得分最高,为 0.69;稳定较粗糙阳斜坡的得分次之,为 0.53;稳定中等粗糙阴斜坡的得分为 0.50,3 种边坡类型得分均超过了 0.5,对应的质量评价等级为良,适度改造后即可绿化。其余 3 种边坡类型的边坡得分均在 0.25～0.50,对应的质量评价等级为中,需大量投入边坡绿化。

边坡绿化一年后边坡植被概况见表 5.15。稳定中等粗糙阳斜坡为挂网喷播+容器苗栽植,主要植物种为沙打旺、紫苜蓿和紫穗槐,盖度为 90%,植物平均高度为 29.5 cm;稳定中等粗糙阴陡坡的护坡措施为混凝土框格梁+生态袋,主要植物种为狗尾草、猪毛蒿和高羊茅,盖度为 70%。

表 5.15　低山中海拔路堑岩质边坡植被概况

微立地类型	主要植物种	盖度/%	平均高度/cm	护坡措施
稳定较粗糙阳陡坡	秋英、猪毛蒿、高羊茅	85	18.2	挂网喷播
稳定较粗糙阳斜坡	紫苜蓿、胡枝子、斜茎黄耆	85	23.4	挂网喷播+容器苗栽植
稳定中等粗糙阴斜坡	胡枝子、紫穗槐、地锦	90	22.0	挂网喷播+容器苗栽植
稳定中等粗糙阳斜坡	沙打旺、紫苜蓿、紫穗槐	90	29.5	挂网喷播+容器苗栽植
稳定中等粗糙阴陡坡	狗尾草、猪毛蒿、高羊茅	70	14.2	混凝土框格梁+生态袋
稳定较粗糙阳陡坡	秋英、猪毛蒿、高羊茅	90	20.1	挂网喷播

第6章 矿山废弃地植被恢复

6.1 植被恢复目标

植被恢复是指以未施工裸露创面为对象，期望形成某种与周围环境相融合的植物群落类型，这个目标是以保护工程为前提，在满足预期的绿化功能、目的、效果等内容的基础上进行充分研究后决定的。人工植被恢复的目的是要防治边坡土壤侵蚀，避免恶化环境，尽可能修复原有地域的原有生态系统。因此，在矿山废弃地的微立地条件中，开展植被恢复工作，使得恢复后的植被在周边环境中生长发育，逐渐恢复为贴近自然植物群落的状态，较好地与所在地自然环境相协调，并发挥植物的多种功能，这些功能不仅包含了植物群落可以正向演替，还要具有丰富的生物多样性，以及较强的抵御外来干扰的抗力。

6.2 植被恢复原则

矿山废弃地是一种完全脱离了森林立地条件的植物生长困难的立地类型，如果完全依靠自然规律过程来达到快速生态补偿的目的，是非常困难的，与经济发展和环境保护要求也是不匹配的。以植被恢复、生态系统稳定性为目标，补偿工程对生态破坏的环境因子，在相对于传统的森林立地条件类型划分的基础上，对矿山废弃地进行有针对性的微立地条件划分，才能服务于表面裸露、生长困难的立地范围的生态恢复工作。这就要尊重植被的自然恢复顺序，在生态系统中对自然恢复力给予适当的人工辅助，促进自然本身所持有的再生能力（复原力、恢复力、治愈力）得到最大限度的发挥。以自然结构、自然规律为原则，对矿山废弃地进行生态修复，以演替规律为方法，研究适宜于矿山废弃地植物种、群、土壤、工程稳固技术，这就是在人工辅助下恢复的一种近自然的生态系统状态，它符合自然演替发展规律，具有适应自然环境的生物学和生态学特性，在景观上也与周边相协调。

6.3 工程护坡技术

以往的工程实践积累了大量的植被恢复工程技术应用经验，将工程技术与立地条件、植被群落等建立了对应关系的探索研究。华北地区常用边坡防护技术相对成熟，对裸露边坡进行了广泛的研究和推广，如延庆县上辛庄水土保持科技示范区总结了30余种矿山废弃地生态防护工程技术（表6.1、表6.2）。

表 6.1　岩质边坡不同坡度的防护工程技术

岩质边坡坡度/(°)	工程技术
<45	无纺布覆盖+植生袋
40～45	混凝土框格+客土+植生袋
50～65	连续纤维加筋土+无纺布,或者混凝土框格（锚挂金属网）+锚杆固定+喷射客土

表 6.2　上辛庄水土保持科技示范园主要工程技术

编号	护坡类型	边坡类型	坡向	坡度	植物种
1	植草护坡+水平截流沟	土质边坡	北	1:2	高羊茅
2	植草护坡+Y字形截流沟	土质边坡	北	1:2	结缕草
3	生态植被毯护坡	土质边坡	北	1:2	木槿、迎春花、山杏、山桃、鸢尾、多花萱草、高羊茅、苇状羊茅、诸葛菜、紫花地丁
4	土工格栅+客土护坡	土质边坡	北	1:2	胡枝子、高羊茅
5	椰纤植生毯+客土护坡	土质边坡	北	1:2	斜茎黄耆、无芒雀麦
6	六棱花饰砖坡	土质边坡	北	1:2	无芒雀麦、紫苜蓿
7	等高绿篱埂护坡	土质边坡	北	1:2	侧柏、沙棘、荆条
8	松木桩+生态植被毯护坡	土质边坡	西	1:1.5	荆条、胡枝子、百脉根、小冠花、紫花地丁、诸葛菜、五叶地锦、忍冬、扶芳藤
9	三维金属网+植被袋护坡	土质边坡	西	1:1.5	早熟禾
10	六棱花饰砖护坡	土质边坡	西	1:1.5	五叶地锦
11	铅丝石笼护坡	土质边坡	西	1:1.5	旱柳
12	六棱花饰砖+砾石护坡	土质边坡	西	1:1.5	紫苜蓿
13	连锁转护坡	土质边坡	西	1:1.5	高羊茅、诸葛菜
14	仿木桩护坡	土质边坡	西	1:1.5	连翘、野牛草
15	废旧汽车轮胎护坡	土质边坡	西	1:1.5	斜茎黄耆、紫苜蓿
16	拱形护坡	土质边坡	西	1:1.5	秋英
17	码石植被护坡	土质边坡	西	1:1.5	柳条、荆条
18	平铺石笼植被护坡	土质边坡	西	1:1.5	柳条、荆条
19	钻孔绿化护坡	岩质边坡	南	1:1	地锦
20	鑫三角工程生态袋坡	岩质边坡	南	1:1	高羊茅、旱柳、胡枝子、斜茎黄耆
21	砖砌挡墙护坡	岩质边坡	南	1:1	斜茎黄耆、紫苜蓿
22	砖砌挡墙护坡	岩质边坡	南	1:1	高羊茅
23	土工格栅+生态袋护坡	岩质边坡	南	1:1	高羊茅、黑麦草、秋英、紫穗槐
24	生态砖护坡	岩质边坡	南	1:1	野牛草
25	楔式六棱砖护坡	岩质边坡	南	1:1	结缕草
26	钢筋笼生态袋护坡	岩质边坡	南	1:1	结缕草、五叶地锦
27	打孔植草护坡	岩质边坡	南	1:1	地锦、结缕草

续表

编号	护坡类型	边坡类型	坡向	坡度	植物种
28	挂网喷播护坡	岩质边坡	南	1∶1	紫苜蓿、斜茎黄耆、秋英、诸葛菜、紫穗槐、臭椿、胡枝子、荆条、柠条锦鸡儿、山杏、山桃
29	半圆形种植槽护坡	岩质边坡	南	1∶1	绣线菊、鸢尾、金银花、扶芳藤、五叶地锦
30	土工格室护坡	岩质边坡	南	1∶1	紫苜蓿、斜茎黄耆、秋英、诸葛菜、紫穗槐、臭椿、胡枝子、荆条、柠条锦鸡儿、山杏、山桃

　　根据植物物种的重要值研究，发现对于土质边坡，植草＋水平截流沟、植草＋Y字形截流沟、等高绿篱埂、三维金属网＋植被袋、连锁砖＋植物、废旧轮胎＋植物、铅丝石笼、平铺石笼和码石栽植旱柳等护坡方式生态效益较好，植物成活率较高；对于岩质边坡，鑫三角工程生态袋、砖砌挡墙＋植生袋、土工格栅＋生态袋、钢筋笼生态袋等护坡方式的生态效益较好，植物成活、生长情况良好。

　　结合植物物种的多样性研究成果，发现选用单一植物护坡的类型，群落物种多样性出现两种趋势，其一是物种丰富度指数、多样性指数和均匀度指数均较低，说明原有物种受当地侵入种的影响较小，其在数量和分布上都具有优势，造成物种多样性较差；其二是物种丰富度指数、多样性指数和均匀度指数均较高，说明原有物种受当地侵入物种的影响较大，物种侵入后与原有物种融为一体，随着物种数目的增多，群落多样性增加，原有物种逐渐退化。因此，在选用单一植物种进行护坡时要慎重，应选择不易退化的种类，才能长时间发挥植物的保水固土作用，进一步为植物选择提供依据。

　　在实际应用中，工程技术往往不是单一使用，应根据微立地类型和恢复植被群落类型进行多种防护技术组合。本书总结和筛选了 7 大类常用的植被恢复工程技术可供参考，见表 6.3。

表 6.3　常用植被恢复工程技术

工程技术	主要类型
基质+植被	岩面垂直绿化技术、生态植被袋技术、生态植被毯技术、客土喷播技术、生态灌浆技术、植生基材喷附技术、植被混凝土技术等
表土拦挡+植被	浆砌石挡墙技术、金属网栅挡土技术、仿木桩防护技术、废旧汽车轮胎护坡技术、绿篱护坡技术等
表土防护+植被	三维植被网护坡技术、生态植被毯技术、石料码砌绿化技术等
框格+植被	锚杆混凝土框架防护技术、拱形骨架护坡技术、多边形水泥混凝土空心块植被护坡技术、混凝土骨架植草护坡技术、土工框格护坡技术等
石笼+植被	铁丝石笼护坡技术、钢筋笼植生袋护坡技术等
钻孔+植被	钻孔植被护坡技术等
整地造型+植被	人造水平阶技术、削坡植草技术、鱼鳞坑技术等

6.4　植被恢复技术

　　矿山废弃地微立地类型划分的目的就是因地制宜、合理制定植被恢复模式。以微立地类型为对象、土壤生态为基础、乡土植被系统为目标、工程安全技术和防止侵蚀技术为辅助的生态系统恢复的思想,将裸露废弃地绿化工程上升到生态系统整体恢复的高度。在植物品种选择考虑生态适应性时,尤其要考虑微立地条件下的限制性因子,同时也要考虑快速植被恢复的需求,遵循植被群落演替规律特征,最终达到营建与周边生态环境相协调的稳定的目标群落。

　　矿山废弃地的植被恢复思路总体上如图 6.1 所示,其中:绿化基础是由人工营造的能使植物定居和生长的环境和介质;植被技术是为达到植被群落恢复目标所用的植物配置、种植、辅助生物措施,以及各种添加剂等技术体系;植被管理是将恢复植被引向目标群落所采用的管理措施。这几个部分是完成矿山废弃地植被恢复的成功关键环节,环环相扣。

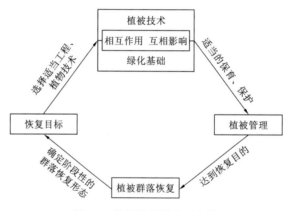

图 6.1　植被恢复技术示意图

　　矿山废弃地植被恢复需要一个系统的研究过程,要了解边坡原生植被群落结构、破坏机理、恢复目标等,才能更好地对矿山废弃地实施植被恢复工程。在对矿山废弃地及周边区域进行植被演替初期的群落类型组成(包括种类组成的性质分析和数量特征)、群落结构(群落的垂直结构、水平结构)、影响群落组成和结构的因素调查的基础上,对现有的植物群落进行分类和排序,并结合微立地条件,对各种矿山废弃地微立地类型进行植被恢复指导。

6.4.1　植物种

　　矿山废弃地的植被虽然损伤严重,但是由于经过不同时期自然的恢复作用,植物种构成也在动态变化。通过调查共得出矿山废弃地(图 6.2)及周边共有 52 科 115 属 122 种(见附表 1)植物,其中菊科、豆科、蔷薇科、禾本科等植物占比最大,蒿属、苋属、绣线菊属、胡枝子属等植物较常见,其中草本植物有 84 种,灌木有 15 种,乔木有 23 种,分别占

69%、12%、19%。在矿山废弃地样方内的植物共有 85 种，草本植物有 58 种，灌木有 13 种，乔木有 14 种，分别占 68%、15%、17%；在矿山废弃地周边样方内的植物共有 37 种，草本 26 种，灌木 2 种，乔木 9 种，分别占 70%、6%、24%。可以看出，草本植物占据绝对的优势，其次是乔木种类，灌木种类数目最少。乔木种类多是因为基本都是乡土物种，具有耐旱、耐瘠薄的特性，分布广泛；灌木种类较少，但是生长优势大，更适合华北矿山废弃地土层薄的特点。除去已恢复区域人工引入的物种，如秋英（*Cosmos bipinnatus* Cavanilles）、万寿菊（*Tagetes erecta* L.）、石竹（*Dianthus chinensis* L.）、报春花（*Primula malacoides* Franch.）、铺地柏［*Juniperus Procumbens*（Endlicher）Siebold ex Miquel］、黄栌（*Cotinus coggygria* Scop.）、侧柏[*Platycladus orientalis*（L.）Franco]、油松（*Pinus tabuliformis* Carrière）、刺槐（*Robinia pseudoacacia* L.）、火炬树（*Rhus typhina*）、五角枫[*Acer pictum* subsp. *Mono*（Maximowicz）H. Ohashi]、元宝槭（*Acer truncatum* Bunge）等，其他均为自然乡土物种。

（a）臭椿群落（一）　　　　　　　　　（b）臭椿群落（二）

（c）杠柳群落　　　　　　　　　（d）杠柳自然侵入碎石堆体

（e）萝藦+黄花蒿+山莴苣近景　　　　　　　　　（f）萝藦+黄花蒿+山莴苣远景

图 6.2　调查矿山废弃地植物生长情况

（g）岩壁榆树　　　　　　　　　　　　　　　（h）狗尾草群落

图 6.2　调查矿山废弃地植物生长情况（续）

　　对矿山废弃地及周边的植物进行筛选,研究出乡土优势植物种和配置模式,采用植被重要值的计算公式（宋永昌，2001；林鹏，1986）为

$$IV_i = (RD_i + RC_i + RF_i)/3 \qquad (6.1)$$

式中：RD_i 为相对频度；RC_i 为相对密度；RF_i 为相对盖度。

　　由于调查样地分布离散,人工植被痕迹较多,结合调查实际情况,将式（6.1）修正为

$$IV_i = \lambda(RD_i + RC_i + RF_i)/3 \qquad (6.2)$$

式中：IV_i 为第 i 种的最终重要值；λ 为优势度修正值,是由各物种所在调查样方数和出现次数比值得出。经过统计计算得出表 6.4。

表 6.4　物种优势度表

物种名称	相对频度/%	相对密度/%	相对盖度/%	初始优势度/%	λ	最终优势度/%
地肤	0.40	17.39	1.46	6.42	1.00	6.42
狗尾草	10.18	3.65	1.03	4.95	0.71	3.50
猪毛蒿	4.59	1.28	1.17	2.34	0.48	1.12
凹头苋	1.00	3.48	0.76	1.74	0.60	1.05
反枝苋	2.59	0.29	0.17	1.02	0.23	0.24
白莲蒿	3.39	0.70	1.11	1.73	0.76	1.32
芦苇	1.00	0.35	0.47	0.60	0.40	0.24
斜茎黄耆	1.60	2.49	2.33	2.14	0.50	1.07
地梢瓜	2.20	0.52	0.23	0.98	0.45	0.45
灰藜	3.99	1.45	0.82	2.09	0.45	0.94
紫苜蓿	0.40	1.74	2.91	1.68	0.50	0.84
羊草	0.40	0.58	2.33	1.10	1.00	1.10

续表

物种名称	相对频度/%	相对密度/%	相对盖度/%	初始优势度/%	λ	最终优势度/%
中华卷柏	1.00	5.80	3.50	3.43	0.60	2.06
鬼针草	5.59	0.81	0.99	2.46	0.61	1.50
黄花蒿	1.60	0.64	0.99	1.07	0.63	0.67
大籽蒿	0.40	0.41	0.06	0.29	1.00	0.29
艾	0.60	2.90	3.50	2.33	1.00	2.33
猪毛蒿	1.60	0.29	1.63	1.17	0.50	0.59
地黄	0.80	0.23	0.58	0.54	0.25	0.13
草木犀	1.00	0.46	2.33	1.26	0.20	0.25
马唐	2.40	0.29	0.47	1.05	0.67	0.70
曼陀罗	0.20	0.06	1.17	0.47	1.00	0.47
苍耳	2.00	1.28	0.58	1.28	0.10	0.13
野大豆	0.40	0.17	0.47	0.35	0.50	0.17
野豌豆	0.40	0.23	4.08	1.57	0.50	0.78
猪殃殃	0.80	0.23	0.12	0.38	0.75	0.29
委陵菜	1.20	0.46	0.17	0.61	0.50	0.31
葎草	1.80	0.12	0.64	0.85	0.22	0.19
野韭菜	0.80	0.23	1.63	0.89	0.50	0.44
披针细叶薹草	0.40	0.58	0.29	0.42	0.50	0.21
万寿菊	0.20	5.80	0.58	2.19	1.00	2.19
五叶地锦	0.20	0.17	1.75	0.71	1.00	0.71
秋英	1.40	2.14	2.10	1.88	0.71	1.34
萝藦	1.00	0.58	0.58	0.72	0.20	0.14
老鹳草	0.20	0.12	0.17	0.16	1.00	0.16
小叶鼠李	0.40	0.17	1.17	0.58	0.50	0.29
香附子	0.40	0.12	0.29	0.27	0.50	0.13
瓦松	0.20	0.23	0.58	0.34	1.00	0.34
荩草	1.00	0.99	2.62	1.53	1.00	1.53
高羊茅	0.20	5.80	4.66	3.55	1.00	3.55

续表

物种名称	相对频度/%	相对密度/%	相对盖度/%	初始优势度/%	λ	最终优势度/%
稗	0.20	0.29	0.58	0.36	1.00	0.36
牵牛	0.80	0.06	0.23	0.36	0.75	0.27
白颖薹草	0.80	0.35	1.22	0.79	1.00	0.79
翠菊	0.20	1.16	2.33	1.23	1.00	1.23
金鸡菊	0.40	17.39	2.33	6.71	0.50	3.35
小红菊	0.20	2.90	0.12	1.07	1.00	1.07
香青兰	0.40	1.16	0.58	0.71	0.50	0.36
小叶章	0.60	0.41	0.76	0.59	0.67	0.39
朝阳隐子草	0.20	1.45	1.17	0.94	1.00	0.94
唐松草	0.20	0.29	0.29	0.26	1.00	0.26
蕨	0.20	0.06	0.06	0.11	1.00	0.11
杠柳	0.80	0.23	2.50	1.18	0.50	0.59
胡枝子	3.59	2.32	0.87	2.26	0.50	1.13
锦鸡儿	1.40	0.17	1.75	1.11	0.43	0.47
荆条	6.99	0.81	1.34	3.05	0.69	2.09
河朔荛花	1.20	0.17	1.22	0.86	0.83	0.72
土庄绣线菊	0.80	1.62	3.20	1.88	0.50	0.94
酸枣	2.59	0.46	3.20	2.09	0.46	0.96
铺地柏	0.20	0.06	0.58	0.28	1.00	0.28
紫穗槐	0.60	0.29	1.17	0.68	0.67	0.46
山桃	0.80	0.12	2.04	0.98	0.50	0.49
白蜡	0.20	0.06	0.58	0.28	1.00	0.28
栗	0.80	0.12	2.91	1.28	0.25	0.32
油松	0.20	0.06	1.17	0.47	1.00	0.47
榆树	4.19	1.22	0.64	2.02	0.62	1.25
刺槐	0.80	0.23	1.17	0.73	0.50	0.37
侧柏	1.60	0.12	0.82	0.84	0.63	0.53
李	0.80	0.12	0.41	0.44	0.75	0.33

物种名称	相对频度/%	相对密度/%	相对盖度/%	初始优势度/%	λ	最终优势度/%
山杏	0.40	0.23	4.66	1.76	0.50	0.88
栾树	0.80	0.12	2.04	0.98	0.75	0.74
火炬树	1.20	0.17	2.45	1.27	0.50	0.64
山杨	1.60	0.17	1.34	1.04	0.25	0.26
臭椿	3.99	0.29	1.51	1.93	0.50	0.97
元宝槭	0.40	0.12	0.29	0.27	0.50	0.13

由图 6.3 可以看出，地肤［*Kochia scoparia* (L.) Schrad.］、金鸡菊［*Coreopsis basalis*（A. Dietr.）S.F. Blake］、中华卷柏［*Selaginella sinensis* (Desv.) Spring］、万寿菊（*Tagetes erecta* L.）、高羊茅（*Festuca elata* Keng ex E. Alexeev）、狗尾草［*Setaira viridis*（L.）Beauv］、凹头苋（*Amaranthus blitum* Linnaeus）、艾（*Artemisia argyi* Lévl.et Van.）、小红菊（*Chrysanthemum Chanetit* H. Léveillé）、斜茎黄耆（沙打旺）（*Astragalus laxmannii* Jacquin）、胡枝子（*Lespedeza bicolor* Turcz.）、秋英（*Cosmos bipinnatus* Gav.）等植物的相对密度较大，草本植物占比 91%，占据绝对的优势，灌木和乔木植物占比较小，分别为 6% 和 3%。

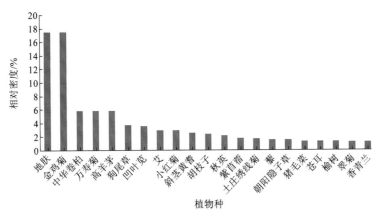

图 6.3　相对密度示意图

从图 6.4 图可以看出，高羊茅、山杏［*Armeniaca sibirica* (L.) Lam.］、野豌豆（*Vicia sepium* L.）、中华卷柏、艾、土庄绣线菊（*Spiraea pubescens* L.）、酸枣［*Ziziphus jujuba* var. *spinosa*（Bunge）Hu ex H. F. Chow］、紫苜蓿（*Medicago sativa* L.）、栗、荩草［*Arthraxon hispidus*（Thunb.）Makino］、杠柳（*Periploca sepium* Bunge）、火炬树、斜茎黄耆等植物的相对盖度较高，草本植物优势显著，占比为 65%，灌木和乔木植物占比分别为 13% 和 12%。

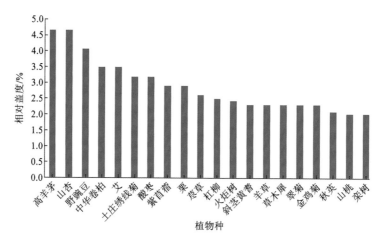

图 6.4　相对盖度示意图

由图 6.5 可以得出：狗尾草、荆条［*Vitex negundo* var. *heterophylla*（Franch.）Rehder］、鬼针草（*Bidens pilosa* L.）、猪毛菜（*Salsola collina* Pall.）、榆树（*Ulmus pumila* L.）、藜（*Chenopodium album* L.）、臭椿［*Ailanthus altissima*（Mill.）Swingle］、胡枝子、反枝苋（*Amaranthus retroflexus* L.）、酸枣［*Ziziphus jujuba* var. spinosa（Bunge）Hu ex H.F. Chow］、马唐［*Digitaria sanguinalis*（L.）Scop.］、地梢瓜［*Cynanchum the sioides*（Freyn）K.Schum.］、苍耳（*Xanthium sibiricum* L.）等植物的相对频度较大，其中，草本植物占 65%，灌木和乔木植物分别占 17%和 18%。

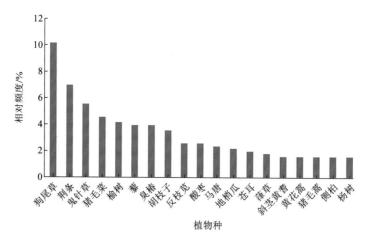

图 6.5　相对频度示意图

根据重要值公式（6.1）可以计算出修正前植物优势度序列如下。

由图 6.6 可以看出，优势度修正前的金鸡菊、地肤、狗尾草、高羊茅、中华卷柏、荆条、鬼针草、猪毛菜、艾、胡枝子等植物的优势度较高，草本占 74%，灌木占 12%，乔木占 14%。

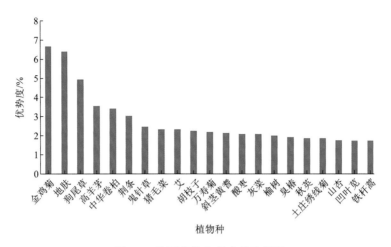

图 6.6 修正前优势度序列示意图

通过优势度的修正式(6.2),结合表 6.4 可以得出修正后植物优势度序列如图 6.7 所示。

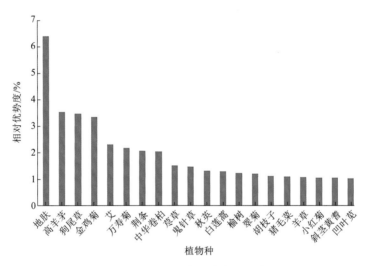

图 6.7 最终相对优势度序列示意图

从经过修正后的优势度序列可以看出(图 6.7),地肤、高羊茅、狗尾草、金鸡菊、艾、万寿菊、荆条、中华卷柏、荩草、鬼针草、秋英、白莲蒿、榆树等植物的优势度较高,草本占 77%,灌木占 11%,乔木占 12%,调整后乡土物种的优势度明显提升,与实际调查情况相一致。

因此,可以得出,草本的优势种为地肤、高羊茅、狗尾草、金鸡菊、艾、万寿菊、中华卷柏、荩草、鬼针草、秋英、白莲蒿、猪毛菜、羊草 [*Leymus chinensis* (Trin.) Tzvel.]、斜茎黄耆、凹头苋、灰藜、朝阳隐子草(*Cleistogenes hancei* Keng)等;灌木的优势种有荆条、榆树、胡枝子、绣线菊、锦鸡儿、紫穗槐(*Amorpha fruticosa* L.)、小叶鼠李等;乔木优势种有臭椿、酸枣、山杏、栾树、火炬树、侧柏、山桃、油松、刺槐、李、白蜡、山杨、元宝槭。其中,万寿菊、金鸡菊、秋英、斜茎黄耆、高羊茅、紫穗槐、栾树、火炬树、侧柏、油松、元宝槭等多为恢复区人工引入物种。

从总体上看，草本植物在相对密度、相对频度、相对盖度中都占有绝对优势，说明矿山废弃地的植物发展处于低级状态，生态效益低，生态性脆弱。

6.4.2　植被群落

通过对矿山废弃地、周边自然区域及人工植被恢复工程等区域的植被调查，得出 4 种主要植被群落结构类型，即草本群落、灌草群落、乔草群落、乔灌草群落，见表 6.5。

表 6.5　主要群落类型表

群落种类	群落名称
草本群落	地肤+狗尾草+猪毛菜、狗尾草+白莲蒿+凹头苋、紫苜蓿+艾、艾+铺地柏、马唐+狗尾草、猪毛菜+狗尾草、猪毛菜+马唐+狗尾草、狗尾草+五叶地锦、猪毛菜+地梢瓜、狗尾草+猪毛菜、猪毛蒿+狗尾草、杠柳+猪毛菜+狗尾草、斜茎黄耆+黄花蒿+鬼针草、狗尾草+鬼针草、灰藜+草木犀+狗尾草、猪毛菜+鬼针草+白莲蒿、斜茎黄耆+狗尾草、高羊茅+狗尾草+马唐+香附子
灌草群落	荆条+猪毛菜、狗尾草+地肤+白莲蒿+榆树、荆条+羊草、荆条+绣线菊+白莲蒿+猪毛菜、榆树+狗尾草+猪毛菜、榆树+狗尾草、荆条+中华卷柏+狗尾草、荆条+野豌豆+鬼针草、锦鸡儿+白莲蒿+鬼针草、酸枣+狗尾草、榆树+臭椿+白莲蒿+马唐、榆树+猪毛蒿、酸枣+狗尾草、荆条+白莲蒿+河朔荛花、荆条+翠菊+白莲蒿+猪毛菜
乔草群落	榆树+臭椿+狗尾草、榆树+地黄、山杨+艾+狗尾草、侧柏+秋英+葶草+鬼针草、榆树+侧柏+狗尾草+万寿菊、侧柏+秋英+白莲蒿、白蜡+榆树+金鸡菊+秋英
乔灌草群落	山杏+栾树+荆条+狗尾草、臭椿+荆条+狗尾草、栾树+荆条+胡枝子+狗尾草、火炬树+紫穗槐+白莲蒿、元宝槭+荆条+紫穗槐+狗尾草、侧柏+荆条+斜茎黄耆+白莲蒿、臭椿+荆条+河朔荛花、臭椿+荆条+朝阳隐子草、臭椿+榆树+胡枝子+狗尾草、山桃+荆条+狗尾草+白莲蒿、臭椿+荆条+狗尾草+白莲蒿、火炬树+荆条+荩草+猪殃殃+披针叶薹草、榆树+荆条+黄花蒿、栗+油松+荆条+狗尾草、李+绣线菊+荆条+披针叶薹草+中华卷柏、臭椿+荆条+胡枝子+荩草、臭椿+酸枣+荆条+狗尾草、臭椿+荆条+狗尾草+酸枣、荆条+狗尾草、山杨+荆条+狗尾草、山桃+酸枣+荆条+河朔荛花

根据四种群落的平均盖度统计情况，由图 6.8 可以看出：乔灌草＞灌草＞乔草＞草本，乔灌草群落是最佳状态的植被类型，草本群落在植被恢复能力上仍处于弱势地位。

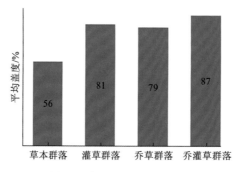

图 6.8　植被平均盖度示意图

研究发现，在挖方创面区域内以草本植物分布为主，存在少量的灌草群落，因为创面单元刚成立不久，立地条件差，土壤、水分等因子缺失，导致群落级别最低，有的甚至寸草不生。但是，部分挖方创面区域由于经过了较长时期的自然积累，形成了较好的立地条件，出现了由本土物种侵入形成的灌草群落。

在人工干预恢复区出现了草本群落、乔灌草群落，因为已恢复区由于人工客土和植被引入，能较快形成乔灌草群落或者草本群落；并且，人工恢复区的客土土层较厚，有利于乔木的生长，所以一般在已恢复区多采用包含乔木的群落，建立群落快，景观效果好。

乔草群落的出现次数最少，主要出现在已恢复区，由人工设计形成，或者在土层薄、贫瘠、立地条件差的地方也会出现，但是乔木种类单一、稀疏。乔灌草群落多出现在废弃地周边的自然区域，这是自然选择的结果，周边立地条件比创面单元优越，因此能够建立较为高级的植物群落。

1. 植被群落的海拔分布

在所有含有植被样方的调查点中，除去样方盖度小于5%的样方和人工恢复区，矿区植被的海拔分布均属于低山（<800 m）类，海拔可以分为三个等级：低山近平原区（150 m以下），低山中海拔区（150～400 m），低山高海拔区（400 m以上）。并且由表 6.6 可以看出，低山高海拔区以灌草群落为主，主要有荆条灌木群、酸枣灌木群、绣线菊灌木群，间配狗尾草、白莲蒿、猪毛菜、榆树、鬼针草等植物种。低山中海拔主要是草本群落和乔灌草群落；草本群落以猪毛菜、狗尾草、灰藜、马唐为主；灌草群落以荆条群落和榆树小灌木丛为主；乔灌草群落以山桃、李等乔木间配荆条、酸枣、紫穗槐等灌木，以及狗尾草、河朔荛花、白莲蒿、中华卷柏等草本植物。低山近平原区涵盖了所有调查植被类型，主要以草本群落和乔灌草群落居多，乔木主要有火炬树、臭椿、酸枣、榆树，灌木主要有荆条、小榆树灌丛、胡枝子、紫穗槐等，草本主要有河朔荛花、荩草和蒿类植物。

表 6.6 不同海拔矿山废弃地植被配置表

海拔/m	群落类型	
>400	草本群落	猪毛菜+鬼针草+白莲蒿
		地肤+狗尾草+猪毛菜
		狗尾草+白莲蒿+凹头苋
	灌草群落	荆条+白莲蒿+河朔荛花
		锦鸡儿+白莲蒿+鬼针草
		狗尾草+地肤+白莲蒿+榆树
		榆树+狗尾草+猪毛菜
		榆树+狗尾草
		荆条+羊草

海拔/m	群落类型	
>400	灌草群落	酸枣+狗尾草
		荆条+绣线菊+白莲蒿+猪毛菜
	乔草群落	侧柏+秋英+葎草+鬼针草
		榆树+臭椿+狗尾草
		白蜡+榆树+金鸡菊+秋英
	乔灌草群落	山杏+栾树+荆条+狗尾草
150～400	草本群落	猪毛菜+马唐+狗尾草
		狗尾草+猪毛菜
		猪毛蒿+狗尾草
		斜茎黄耆+狗尾草
		马唐+狗尾草
		猪毛菜+狗尾草
		高羊茅+狗尾草+马唐+香附子
		紫苜蓿+艾蒿
		灰藜+草木犀+狗尾草
	灌草群落	榆树+臭椿+白莲蒿+马唐
		榆树+猪毛蒿
		荆条+中华卷柏+狗尾草
	乔草群落	榆树+侧柏+狗尾草+万寿菊
		榆树+地黄
		山杨+艾+狗尾草
		侧柏+秋英+白莲蒿
	乔灌草群落	栗+油松+荆条+狗尾草
		山桃+酸枣+荆条+河朔荛花
		李+绣线菊+荆条+披针叶薹草+中华卷柏
		栾树+荆条+胡枝子+狗尾草
		山桃+荆条+狗尾草+白莲蒿
		元宝槭+荆条+紫穗槐+狗尾草
		臭椿+荆条+朝阳隐子草
		侧柏+荆条+斜茎黄耆+白莲蒿
<150	草本群落	艾+铺地柏
		杠柳+猪毛菜+狗尾草
		斜茎黄耆+黄花蒿+鬼针草
		狗尾草+鬼针草

海拔/m	群落类型	
<150	草本群落	狗尾草+五叶地锦
		猪毛菜+地梢瓜
	灌草群落	荆条+野豌豆+鬼针草
		荆条+翠菊+白莲蒿+猪毛菜
	乔灌草群落	火炬树+紫穗槐+白莲蒿
		臭椿+荆条+河朔荛花
		臭椿+榆树+胡枝子+狗尾草
		臭椿+荆条+狗尾草
		酸枣+荆条+狗尾草
		臭椿+荆条+胡枝子+荩草
		火炬树+荆条+荩草+猪殃殃+披针叶薹草
		榆树+荆条+黄花蒿
		臭椿+荆条+狗尾草+白莲蒿

2. 植被群落的坡度分布

由图 6.9～图 6.12 可以看出,所有的植被群落都分布的坡度在 20°以上,50°以上的陡坡主要是草本植物的分布,乔灌草主要分布在 45°以下边坡。

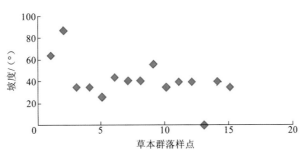

图 6.9　草本群落坡度分布示意图

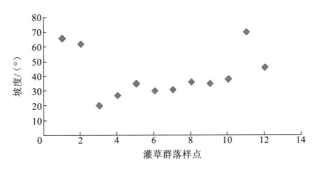

图 6.10　灌草群落坡度分布示意图

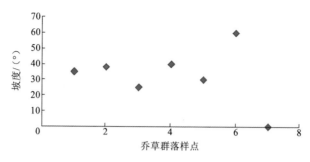

图 6.11　乔草群落坡度分布示意图

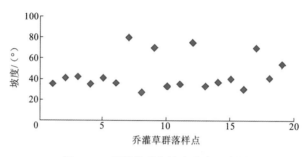

图 6.12　乔灌草群落坡度分布示意图

由图 6.13 和表 6.7 可以看出，植被群落分布的坡度多在 0°～45°，植被生长良好。在 0°～30°的边坡，适合所有植被类型；30°～45°的边坡，适合乔灌草、灌草、草本群落生长；45°～65°的边坡，适合草本和灌草生长，主要为乡土植物种；大于 65°的边坡，少有较完整群落的分布，大都为零星分散的草本或小灌木群丛，在有些凹凸微立地条件下，也会有斑块状群落分布。

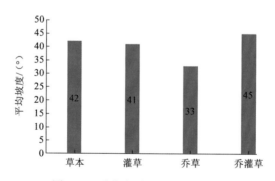

图 6.13　群落类型与平均坡度示意图

表 6.7　不同坡度的植被配置表

坡度	植被群落
>65°	主要有臭椿、榆树、酸枣、荆条、山杨灌丛、狗尾草、白莲蒿等
45°～65°	主要有臭椿、榆树、山桃、酸枣、荆条、绣线菊、胡枝子、狗尾草、猪毛菜、马唐、香附子等

续表

坡度	植被群落
30°～45°	主要优势种有榆树、山杏、侧柏、火炬树、元宝槭、栾树、臭椿、酸枣、荆条、油松、紫穗槐、胡枝子、狗尾草、白莲蒿、黄花蒿、斜茎黄耆、紫苜蓿、猪毛菜、鬼针草、河朔荛花、秋英、莐草等
<30°	以灌草和乔灌草群落为主，由于可以保持比较好的土层，包含了所有的调查植物种

3. 植被群落的坡向分布

由图6.14和表6.8可以看出，坡向和植被盖度关联性很强，这是由于植被受光照影响大。阳坡的植被盖度大的样点数大于阴坡和阴阳坡，是因为阳坡光照条件好，一旦有植物生长的基础条件就会生长很快。阳坡植被盖度小的样方是因为立地质量差，植被很难侵入。而阴坡的植被盖度小的样点相对较多是因为水分条件较好，会有零星植物生长，但是总体长势不好。因此，坡向是影响植被分布的重要因子。

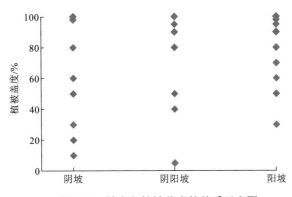

图 6.14　坡向与植被盖度的关系示意图

表 6.8　不同坡向的植被配置表

坡向	植被群落
阳坡	主要植物有榆树、火炬树、侧柏、元宝槭、山杏、臭椿、狗尾草、猪毛菜、荆条、紫穗槐、胡枝子、白莲蒿等
阴阳坡	主要植物有臭椿、山杨、栗、榆树、山桃、火炬树、李、侧柏、白蜡、荆条、绣线菊、酸枣灌丛、狗尾草、白莲蒿、黄花蒿、猪毛菜、朝阳隐子草、猪殃殃、莐草、艾、斜茎黄耆、河朔荛花等
阴坡	主要植物有荆条、杠柳、榆树、马唐、猪毛菜、绣线菊、狗尾草、白莲蒿等，少有乔木，灌木仍以荆条为主，草本无变化

根据调查结果，华北地区矿山废弃地的生态发展处于初期阶段，以草本植物为主，形成植物群落的雏形，主要功能是防治水土流失，以生态防护功能为主，这为以后的植被恢复工程提供了重要的指导，可以根据植被群落在海拔、坡度、坡向等方面的分布特点，对生态恢复各阶段进行植被配置，达到矿山废弃地生态恢复的目的。

6.5　植被恢复技术建议

　　矿山废弃地的植被恢复技术是一项综合性和专业性很强的技术体系，并且有着严谨的逻辑性和科学性，在实施过程中有着完整的操作流程（图 6.15）。

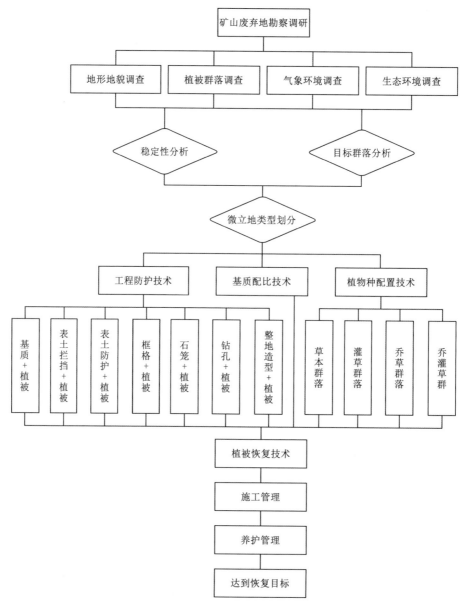

图 6.15　矿山废弃地植被恢复实施流程

　　在总结研究成果的基础上，结合适宜的工程技术，综合考虑微立地类型特征，根据植被恢复目标，可以得出适应矿山废弃地微立地类型的植被恢复技术体系，见表 6.9。

表 6.9　矿山废弃地微立地植被恢复技术建议表

一级立地类型	二级微立地类型	植被配置模式	工程措施建议
低山近平原沟底岩质边坡	不稳定粗糙阴阳高陡坡	臭椿+（榆树灌丛、酸枣灌丛、荆条、山杨灌丛）+（狗尾草、白莲蒿等）	挂网喷播+容器苗栽植技术 锚杆混凝土框架植被防护技术 三维植被网护坡技术
	稳定粗糙阴阳高陡坡	臭椿+（山杨灌丛、榆树灌丛、酸枣、荆条）+（狗尾草、白莲蒿等）	岩面容器苗垂直绿化技术 人工造穴坑植技术 挂网喷播+容器苗栽植技术 三维植被网护坡技术
	不稳定较粗糙阴高陡坡	（榆树灌丛、荆条）+（狗尾草、白莲蒿等）	挂网喷播+容器苗栽植技术 生态植被袋+锚杆固定技术 三维植被网护坡技术
低山近平原山顶岩质边坡	不稳定较粗糙阴阳高陡坡	臭椿+（榆树灌丛、酸枣、荆条、山杨灌丛）+（狗尾草、白莲蒿等）	挂网喷播+容器苗栽植技术 生态植被袋+锚杆固定技术 三维植被网护坡技术
低山近平原山体岩质边坡	不稳定较光滑阳高陡坡	臭椿+（榆树灌丛、酸枣、荆条、山杨灌丛）+（狗尾草、白莲蒿等）	生态植被毯+容器栽植技术 挂网喷播+容器苗栽植技术 三维植被网护坡技术
	不稳定粗糙阳高陡坡	臭椿+（榆树灌丛、荆条）+（狗尾草、白莲蒿等）	生态植被袋护坡技术 挂网喷播+容器苗栽植技术 生态植被袋+锚杆固定技术
低山近平原山体堆体边坡	稳定碎石堆积阴陡坡	臭椿+（榆树、荆条、绣线菊）+（狗尾草、猪毛菜、马唐、香附子等）	浆砌石挡墙技术 生态植被袋护坡技术 边坡灌浆+客土喷播护坡技术 三维植被网护坡技术
	稳定碎石堆积阳陡坡	榆树+（荆条、绣线菊）+（狗尾草、猪毛菜、马唐、香附子等）	浆砌石挡墙技术 生态植被袋护坡技术 边坡灌浆+客土喷播护坡技术 三维植被网护坡技术
	稳定土石混合分级阳斜坡	（榆树、山杏、侧柏、火炬树、元宝槭、臭椿、榆树、油松）+（荆条、紫穗槐、胡枝子）+（狗尾草、白莲蒿、黄花蒿、斜茎黄耆、猪毛菜、鬼针草、秋英等）	浆砌石挡墙 生态植被袋护坡技术 生态植被毯护坡技术 拱形骨架+客土喷播护坡技术 三维植被网护坡技术

续表

一级立地 类型	二级微立地类型	植被配置模式	工程措施建议
低山近平原 路堤土质 边坡	稳定细粒厚层阴 阳陡坡	地锦+（狗尾草、猪毛蒿）	六棱花饰砖护坡技术 六棱花饰砖+砾石护坡技术 楔式六棱砖护坡技术
	稳定中粒中厚阴 阳陡坡	地锦+（狗尾草、猪毛蒿）	六棱花饰砖护坡技术 六棱花饰砖+砾石护坡技术 楔式六棱砖护坡技术
	稳定中粒厚层阳 陡坡	地锦+（狗尾草、猪毛蒿）	六棱花饰砖护坡技术 六棱花饰砖+砾石护坡技术 楔式六棱砖护坡技术
	稳定粗粒厚层阴 陡坡	地锦+（狗尾草、白莲蒿）	六棱花饰砖护坡技术 六棱花饰砖+砾石护坡技术 楔式六棱砖护坡技术
	稳定细粒中厚阳 斜坡	狗尾草、葎草、猪毛菜	六棱花饰砖护坡技术 六棱花饰砖+砾石护坡技术 楔式六棱砖护坡技术
	稳定细粒厚层阳 陡坡	地锦+（狗尾草、葎草）	六棱花饰砖护坡技术 六棱花饰砖+砾石护坡技术 楔式六棱砖护坡技术
低山近平原 路堑土质 边坡	稳定软质厚层阳 斜坡	地锦+（狗尾草、山莴苣）	六棱花饰砖护坡技术 六棱花饰砖+砾石护坡技术 楔式六棱砖护坡技术
	稳定硬质薄层阴 阳陡坡	地锦+（狗尾草、灰绿藜）	六棱花饰砖护坡技术 六棱花饰砖+砾石护坡技术 楔式六棱砖护坡技术
	稳定硬质薄层阳 斜坡	狗尾草、灰绿藜、猪毛蒿	六棱花饰砖护坡 六棱花饰砖+砾石护坡 楔式六棱砖护坡
	稳定硬质中厚阴 阳斜坡	地锦+（狗尾草、蒙古蒿）	六棱花饰砖护坡技术 六棱花饰砖+砾石护坡技术 楔式六棱砖护坡技术
低山近平原 路堑岩质 边坡	稳定中等粗糙阳 陡坡	秋英、猪毛蒿、狗尾草	三维金属网+植被袋护坡技术 挂网喷播护坡+容器苗栽植技术

一级立地类型	二级微立地类型	植被配置模式	工程措施建议
低山近平原路堑岩质边坡	稳定较粗糙阴陡坡	秋英、猪毛蒿、灰菜	三维金属网+植被袋护坡技术 挂网喷播护坡+容器苗栽植技术
	稳定较粗糙阳陡坡	紫穗槐+胡枝子+秋英	三维金属网+植被袋护坡技术 挂网喷播护坡+容器苗栽植技术
低山中海拔山体岩质边坡	稳定较光滑阳高陡坡	臭椿+（榆树灌丛、荆条）+（狗尾草、白莲蒿等）	岩面容器苗垂直绿化技术 挂网喷播+容器苗栽植技术 生态植被袋+锚杆固定技术
	不稳定粗糙阳斜坡	（榆树、山杏、侧柏、火炬树、臭椿、榆树、荆条）+（紫穗槐、胡枝子）+（狗尾草、白莲蒿、黄花蒿、斜茎黄耆、猪毛菜、鬼针草、河朔荛花、秋英等）	生态植被袋护坡技术 挂网喷播+容器苗栽植技术 生态植被袋+锚杆固定技术
低山中海拔沟底岩质边坡	稳定粗糙阳陡坡	（臭椿、榆树）+（荆条、胡枝子）+（狗尾草、猪毛菜、马唐、香附子等）	岩面容器苗垂直绿化技术 生态植被袋护坡技术 挂网喷播+容器苗栽植技术
	不稳定较光滑阴高陡坡	臭椿+（榆树灌丛、荆条）+（狗尾草、白莲蒿等）	挂网喷播+容器苗栽植技术 生态植被袋+锚杆固定技术
	不稳定较粗糙阴阳高陡坡	臭椿+（榆树灌丛、酸枣、荆条）+（狗尾草、白莲蒿等）	岩面容器苗垂直绿化技术 挂网喷播+容器苗栽植技术 生态植被袋+锚杆固定技术
	稳定粗糙阴陡坡	（臭椿、榆树）+（荆条、绣线菊）+（狗尾草、猪毛菜、马唐、香附子等）	岩面容器苗垂直绿化技术 生态植被袋护坡技术 挂网喷播+容器苗栽植技术 生态植被袋+锚杆固定技术
	不稳定较光滑阳高陡坡	臭椿+（榆树灌丛、荆条）+（狗尾草、白莲蒿等）	岩面容器苗垂直绿化技术 生态植被毯+容器栽植技术 挂网喷播+容器苗栽植技术 生态植被袋+锚杆固定技术
	稳定较光滑阳高陡坡	臭椿+（榆树灌丛、荆条）+（狗尾草、白莲蒿等）	岩面容器苗垂直绿化技术 生态植被袋护坡技术 挂网喷播+容器苗栽植技术

一级立地类型	二级微立地类型	植被配置模式	工程措施建议
低山中海拔山坡堆体边坡	不稳定碎石分级阳陡坡	（臭椿、榆树）+（荆条、绣线菊、胡枝子）+（狗尾草、猪毛菜、马唐、香附子等）	浆砌石挡墙技术 生态植被袋+锚杆固定技术 液压喷播技术+容器栽植技术 三维植被网护坡技术
	不稳定土石混合分级阳陡坡	（臭椿、榆树）+（荆条、胡枝子）+（狗尾草、猪毛菜、马唐、香附子等）	浆砌石挡墙或抗滑桩技术 格栅+植被基材喷附技术 拱形骨架+客土喷播护坡技术
	不稳定土石混合阳陡坡	（臭椿、榆树）+（荆条、胡枝子）+（狗尾草、猪毛菜、马唐、香附子等）	浆砌石挡墙或抗滑桩技术 格栅+植被基材喷附技术 生态植被袋+锚杆固定技术
	不稳定土石混合阴阳斜坡	（臭椿、榆树）+（荆条、胡枝子）+（狗尾草、猪毛菜、马唐、香附子等）	浆砌石挡墙或抗滑桩 拱形骨架+客土喷播护坡技术 生态植被袋+锚杆固定技术 多边形水泥混凝土空心块植被护坡 三维植被网护坡技术
	稳定土石混合阴阳陡坡	（臭椿、榆树、山桃）+（酸枣、荆条、绣线菊、胡枝子）+（狗尾草、猪毛菜、马唐、香附子等）	格栅+植被基材喷附技术 生态植被袋护坡技术 生态植被毯护坡技术 拱形骨架+客土喷播护坡技术 三维植被网护坡技术
	不稳定碎石堆积阳陡坡	（臭椿、榆树）+（荆条、胡枝子）+（狗尾草、猪毛菜、马唐、香附子等）	浆砌石挡墙或抗滑桩 生态植被袋护坡技术 拱形骨架+客土喷播护坡技术 生态植被袋+锚杆固定技术 浆砌石坡脚挡墙+生态植被袋护坡技术 锚杆混凝土框架植被防护
	不稳定石块堆积阳陡坡	（臭椿、榆树）+（荆条、胡枝子）+（狗尾草、猪毛菜、马唐、香附子等）	拱形骨架+客土喷播护坡技术 生态植被袋+锚杆固定技术 边坡灌浆+客土喷播护坡技术 浆砌石坡脚挡墙+生态植被袋护坡技术
低山中海拔山顶堆体边坡	稳定碎石堆积阴陡坡	榆树+（荆条、绣线菊）+（狗尾草、猪毛菜、马唐、香附子等）	浆砌石挡墙 拱形骨架+客土喷播护坡技术 生态植被袋+锚杆固定技术

续表

一级立地类型	二级微立地类型	植被配置模式	工程措施建议
低山中海拔山顶堆体边坡	稳定土石混合阴陡坡	榆树+（荆条、绣线菊）+（狗尾草、猪毛菜、马唐、香附子等）	生态植被袋护坡技术 生态植被毯护坡技术 拱形骨架+客土喷播护坡技术 三维植被网护坡技术
低山中海拔沟底堆体边坡	不稳定土石混合阳陡坡	（臭椿、榆树）+（荆条、胡枝子）+（狗尾草、猪毛菜、马唐、香附子等）	浆砌石挡墙或抗滑桩 生态植被毯+容器栽植技术 挂网喷播+容器苗栽植技术 生态植被袋+锚杆固定技术
	不稳定碎石堆积阳陡坡	（臭椿、榆树）+（荆条、胡枝子）+（狗尾草、猪毛菜、马唐、香附子等）	浆砌石挡墙 拱形骨架+客土喷播护坡技术 生态植被袋+锚杆固定技术 三维植被网护坡技术
低山中海拔路堤土质边坡	稳定中粒中厚阳斜坡	地锦+（猪毛蒿、抱茎苦荬菜）	土工格栅+客土护坡技术 土工格栅+生态袋护坡技术 土工格室护坡技术 拱形护坡技术
	稳定细粒厚层阴斜坡	（胡枝子、地锦）+灰绿藜	土工格栅+客土护坡技术 土工格栅+生态袋护坡技术 土工格室护坡技术 拱形护坡技术
	稳定细粒中厚阴陡坡	地锦+（狗尾草、蒙古蒿）	土工格栅+客土护坡技术 土工格栅+生态袋护坡技术 土工格室护坡技术 拱形护坡技术
低山中海拔路堑土质边坡	稳定硬质薄层阴阳陡坡	（胡枝子、地锦）+狗尾草	六棱花饰砖护坡技术 六棱花饰砖+砾石护坡技术 楔式六棱砖护坡技术
	稳定硬质厚层阳斜坡	胡枝子+（斜茎黄耆、紫苜蓿）	生态植被袋护坡技术 六棱花饰砖护坡技术
低山中海拔路堑岩质边坡	稳定较粗糙阳陡坡	秋英、猪毛蒿、高羊茅	挂网喷播技术
	稳定较粗糙阳斜坡	胡枝子+（紫苜蓿、斜茎黄耆）	挂网喷播+容器苗栽植技术

一级立地类型	二级微立地类型	植被配置模式	工程措施建议
低山中海拔路堑岩质边坡	稳定中等粗糙阴斜坡	胡枝子、紫穗槐、地锦	挂网喷播+容器苗栽植技术
	稳定中等粗糙阳斜坡	紫穗槐+（紫苜蓿、斜茎黄耆）	挂网喷播+容器苗栽植技术
	稳定中等粗糙阴陡坡	狗尾草、猪毛蒿、高羊茅	混凝土框格梁+生态袋技术
	稳定较粗糙阳陡坡	秋英、猪毛蒿、高羊茅	挂网喷播技术
低山中海拔采场岩质边坡	稳定中粗糙碎屑阳陡坡	（荆条、紫穗槐、沙地柏、珍珠梅、丁香）+（斜茎黄耆、秋英）	基材喷附+植苗绿化技术 鑫三角工程生态袋护坡技术
	稳定粗糙块石阴陡坡	地锦、连翘、迎春花	双向格栅+植被基材喷附+生态植被毯技术 整理造型技术 容器苗垂直绿化
	稳定粗糙块石阳陡坡	地锦、连翘、迎春花	双向格栅+植被基材喷附+生态植被毯技术 整理造型技术 容器苗垂直绿化
	稳定灰浆抹面光滑阳陡坡	臭椿+（荆条、胡枝子、杠柳、金银木）+紫苜蓿	双向格栅+植被基材喷附+生态植被毯技术 整理造型技术 容器苗垂直绿化
	稳定光滑阳陡坡	臭椿+（荆条、胡枝子、杠柳、金银木）+紫苜蓿	生态植被袋+锚杆固定技术
低山中海拔弃土场土石边坡	稳定较粗糙土夹微石阴陡坡	榆树+（柠条锦鸡儿、荆条、酸枣、沙棘、黄刺玫）+（斜茎黄耆、紫苜蓿、披碱草、诸葛菜）	客土技术 生态植被毯技术
	稳定较粗糙碎石土阴陡坡	榆树+（柠条锦鸡儿、荆条、酸枣、沙棘、黄刺玫）+（斜茎黄耆、紫苜蓿、披碱草、诸葛菜）	骨架植草技术 三维植被网护坡技术 挡土墙技术 客土技术

一级立地类型	二级微立地类型	植被配置模式	工程措施建议
低山中海拔弃土场土石边坡	稳定较粗糙土石混合阴陡坡	榆树+（柠条锦鸡儿、荆条、酸枣、沙棘、黄刺玫）+（斜茎黄耆、紫苜蓿、披碱草、诸葛菜）	客土技术 生态植被毯技术
	稳定较粗糙块石土阴陡坡	榆树+（柠条锦鸡儿、荆条、酸枣、沙棘、黄刺玫）+（斜茎黄耆、紫苜蓿、披碱草、诸葛菜）	骨架植草技术 三维植被网护坡技术 挡土墙技术 客土技术
	稳定较粗糙土夹微石阴斜坡	（刺槐、榆树）+（柠条锦鸡儿、荆条、酸枣、杠柳、沙棘、金银花、黄刺玫）+（斜茎黄耆、紫苜蓿、披碱草、地被菊、诸葛菜、秋英）	客土技术 生态植被毯技术
	稳定较粗糙碎石土阴斜坡	（刺槐、榆树）+（柠条锦鸡儿、荆条、酸枣、杠柳、沙棘、金银花、黄刺玫）+（斜茎黄耆、紫苜蓿、披碱草、地被菊、诸葛菜、秋英）	液压喷播技术 骨架植草技术 三维植被网护坡技术 挡土墙技术 客土技术
	稳定较粗糙土石混合阴斜坡	（刺槐、榆树）+（柠条锦鸡儿、荆条、酸枣、杠柳、沙棘、金银花、黄刺玫）+（斜茎黄耆、紫苜蓿、披碱草、地被菊、诸葛菜、秋英）	整地造型技术 客土技术
	稳定较粗糙块石土阴斜坡	（刺槐、榆树）+（柠条锦鸡儿、荆条、酸枣、杠柳、沙棘、金银花、黄刺玫）+（斜茎黄耆、紫苜蓿、披碱草、地被菊、诸葛菜、秋英）	客土覆盖技术 整地造型技术
	稳定中粗糙土夹微石阳陡坡	（臭椿、榆树）+（柠条锦鸡儿、荆条、酸枣、紫穗槐、沙棘、黄刺玫）+（斜茎黄耆、紫苜蓿、披碱草、诸葛菜）	客土技术 生态植被毯技术
	稳定中粗糙碎石土阳陡坡	（臭椿、榆树）+（柠条锦鸡儿、荆条、酸枣、紫穗槐、沙棘、黄刺玫）+（斜茎黄耆、紫苜蓿、披碱草、诸葛菜）	骨架植草技术 三维植被网护坡技术 挡土墙技术 客土技术

续表

一级立地类型	二级微立地类型	植被配置模式	工程措施建议
低山中海拔弃土场土石边坡	稳定中粗糙土石混合阳陡坡	（臭椿、榆树）＋（柠条锦鸡儿、荆条、酸枣、紫穗槐、沙棘、黄刺玫）＋（斜茎黄耆、紫苜蓿、披碱草、诸葛菜）	骨架植草技术 三维植被网护坡技术 挡土墙技术 客土技术
	稳定中粗糙块石土阳陡坡	（臭椿、榆树）＋（柠条锦鸡儿、荆条、酸枣、紫穗槐、沙棘、黄刺玫）＋（斜茎黄耆、紫苜蓿、披碱草、诸葛菜）	骨架植草技术 三维植被网护坡技术 挡土墙技术 客土技术
	稳定中粗糙土夹微石阳斜坡	（火炬树、刺槐、臭椿、榆树、侧柏、油松、山杏、山桃）＋（柠条锦鸡儿、荆条、酸枣、紫穗槐、杠柳、沙棘、金银花、黄刺玫）＋（斜茎黄耆、紫苜蓿、披碱草、地被菊、诸葛菜、秋英）	客土技术 生态植被毯技术
	稳定中粗糙碎石土阳斜坡	（火炬树、刺槐、臭椿、榆树、侧柏、油松、山杏、山桃）＋（柠条锦鸡儿、荆条、酸枣、紫穗槐、杠柳、沙棘、金银花、黄刺玫）＋（斜茎黄耆、紫苜蓿、披碱草、地被菊、诸葛菜、秋英）	液压喷播技术 骨架植草技术 三维植被网护坡技术 挡土墙技术 客土技术
	稳定中粗糙土石混合阳斜坡	（火炬树、刺槐、臭椿、榆树、侧柏、油松、山杏、山桃）＋（柠条锦鸡儿、荆条、酸枣、紫穗槐、杠柳、沙棘、金银花、黄刺玫）＋（斜茎黄耆、紫苜蓿、披碱草、地被菊、诸葛菜、秋英）	整地造型技术 客土技术
	稳定中粗糙块石土阳斜坡	（火炬树、刺槐、臭椿、榆树、侧柏、油松、山杏、山桃）＋（柠条锦鸡儿、荆条、酸枣、紫穗槐、杠柳、沙棘、金银花、黄刺玫）＋（斜茎黄耆、紫苜蓿、披碱草、地被菊、诸葛菜、秋英）	客土覆盖技术 整地造型技术
	稳定较粗糙土夹微石阳缓坡	（火炬树、刺槐、臭椿、榆树、侧柏、油松、山杏、山桃）＋（柠条锦鸡儿、荆条、酸枣、紫穗槐、杠柳、沙棘、金银花、黄刺玫）＋（斜茎黄耆、紫苜蓿、披碱草、地被菊、诸葛菜、秋英）	整地造型技术 客土技术 生态植被毯技术

一级立地类型	二级微立地类型	植被配置模式	工程措施建议
低山中海拔弃土场土石边坡	稳定较粗糙碎石土阳缓坡	（紫穗槐、荆条、胡枝子、山杏、臭椿、榆树）+（冰草、碱茅、斜茎黄耆、紫苜蓿）+（诸葛菜、秋英、黑心菊）	整地造型技术 客土技术 生态植被毯技术
	稳定较粗糙土石混合阳缓坡	火炬树、刺槐、臭椿、榆树、侧柏、油松、山杏、山桃、柠条锦鸡儿、荆条、酸枣、紫穗槐、杠柳、沙棘、金银花、黄刺玫、斜茎黄耆、紫苜蓿、披碱草、地被菊、诸葛菜、秋英等	整地造型技术 客土技术 生态植被毯技术
低山中海拔尾矿砂堆体边坡	稳定光滑堆积阳缓坡	黑麦草、斜茎黄耆、紫穗槐、秋英、紫苜蓿、荆条、稗、藜	客土技术 生态植被毯技术
	稳定光滑堆积阴缓坡	黑麦草、斜茎黄耆、紫穗槐、秋英、紫苜蓿、荆条、稗、藜	客土技术
	稳定光滑堆积阴阳缓坡	黑麦草、斜茎黄耆、紫穗槐、秋英、紫苜蓿、荆条、稗、藜	生态植被毯技术
低山高海拔山顶边坡	不稳定较光滑阳斜坡	（榆树、山杏、侧柏、火炬树、元宝槭、臭椿）+（紫穗槐、荆条、胡枝子）+（狗尾草、白莲蒿、黄花蒿、斜茎黄耆、紫苜蓿、猪毛菜、鬼针草、河朔荛花、秋英、荩草等）	生态植被袋+锚杆固定技术 生态植被毯+容器栽植技术 浆砌石坡脚挡墙+生态植被袋护坡技术 浆砌片石或水泥混凝土骨架植草护坡技术
低山高海拔山体岩质边坡	不稳定较粗糙阳高陡坡	臭椿+榆树灌丛+（狗尾草、白莲蒿等）	生态植被袋护坡技术 挂网喷播+容器苗栽植技术 生态植被袋+锚杆固定技术
	不稳定较粗糙阴高陡坡	（榆树灌丛、荆条）+（狗尾草、白莲蒿等）	挂网喷播+容器苗栽植技术 生态植被袋+锚杆固定技术 三维植被网护坡技术
	不稳定较光滑阴陡坡	（榆树灌丛、荆条）+（狗尾草、白莲蒿等）	挂网喷播+容器苗栽植技术 生态植被袋+锚杆固定技术 三维植被网护坡技术
	不稳定较光滑阴高陡坡	（榆树灌丛、荆条）+（狗尾草、白莲蒿等）	挂网喷播+容器苗栽植技术 生态植被袋+锚杆固定技术 三维植被网护坡技术

一级立地类型	二级微立地类型	植被配置模式	工程措施建议
低山高海拔山体岩质边坡	稳定粗糙阴陡坡	榆树+（荆条、绣线菊）+（狗尾草、猪毛菜、马唐、香附子等）	岩面容器苗垂直绿化技术 生态植被毯+容器栽植技术 挂网喷播+容器苗栽植技术 生态植被袋+锚杆固定技术
	不稳定粗糙阳高陡坡	臭椿+（榆树灌丛、荆条）+（狗尾草、白莲蒿等）	生态植被袋护坡技术 挂网喷播+容器苗栽植技术 生态植被袋+锚杆固定技术
低山高海拔山体堆体边坡	不稳土石混合阴阳斜坡	（榆树、侧柏、火炬树、臭椿、酸枣）+（荆条、紫穗槐、胡枝子）+（狗尾草、白莲蒿、黄花蒿、斜茎黄耆、紫苜蓿、猪毛菜、鬼针草、河朔荛花、秋英、茋草等）	浆砌石挡墙或抗滑桩 拱形骨架+客土喷播护坡技术 生态植被袋+锚杆固定技术 生态植被毯+容器栽植技术 浆砌石坡脚挡墙+生态植被袋护坡技术 浆砌片石或水泥混凝土骨架植草护坡、多边形水泥混凝土空心块植被护坡术
	不稳定土石混合分级阴阳陡坡	（臭椿、榆树、山桃、酸枣）+（荆条、绣线菊、胡枝子）+（狗尾草、猪毛菜、马唐、香附子等）	浆砌石挡墙或抗滑桩术 拱形骨架+客土喷播护坡技术 生态植被袋+锚杆固定技术 锚杆混凝土框架植被防护
	不稳定土石混合分级阳高陡坡	臭椿+（榆树灌丛、酸枣灌丛、荆条）+（狗尾草、白莲蒿等）	浆砌石挡墙或抗滑桩 拱形骨架+客土喷播护坡技术 生态植被袋+锚杆固定技术 液压喷播技术+容器栽植技术 锚杆混凝土框架植被防护
	不稳定碎石堆积阳斜坡	（山杏、侧柏、火炬树、臭椿、油松）+荆条+（狗尾草、白莲蒿、黄花蒿、斜茎黄耆、紫苜蓿、猪毛菜、鬼针草、河朔荛花、秋英、茋草等）	浆砌石挡墙术 拱形骨架+客土喷播护坡技术 生态植被袋+锚杆固定技术 多边形水泥混凝土空心块植被护坡 三维植被网护坡技术
	稳定石块堆积阳斜坡	（榆树、山杏、侧柏、火炬树、元宝槭、臭椿、油松）+（紫穗槐、胡枝子）+（狗尾草、白莲蒿、黄花蒿、斜茎黄耆、紫苜蓿、猪毛菜、鬼针草、河朔荛花、秋英、茋草等）	浆砌石挡墙术 生态植被毯护坡技术 拱形骨架+客土喷播护坡技术 多边形水泥混凝土空心块植被护坡

续表

一级立地类型	二级微立地类型	植被配置模式	工程措施建议
低山高海拔山体堆体边坡	稳定碎石堆积阳陡坡	（臭椿、榆树）＋（荆条、绣线菊、胡枝子）＋（狗尾草、猪毛菜、马唐、香附子等）	生态植被袋护坡技术 拱形骨架＋客土喷播护坡技术 生态植被毯＋容器栽植技术 多边形水泥混凝土空心块植被护坡 三维植被网护坡技术
	不稳定碎石堆积阳陡坡	（臭椿、榆树）＋（荆条、绣线菊、胡枝子）＋（狗尾草、猪毛菜、马唐、香附子等）	浆砌石挡墙术 拱形骨架＋客土喷播护坡技术 生态植被袋＋锚杆固定技术 浆砌片石或水泥混凝土骨架植草护坡
	稳定碎石堆积阴斜坡	榆树＋荆条＋（狗尾草、白莲蒿、黄花蒿、斜茎黄耆、紫苜蓿、猪毛菜、鬼针草、河朔荛花、秋英等）	浆砌石挡墙术 生态植被袋护坡技术 拱形骨架＋客土喷播护坡技术 生态植被毯＋容器栽植技术 多边形水泥混凝土空心块植被护坡
	不稳定石块堆积阴高陡坡	（榆树灌丛、荆条）＋（狗尾草、白莲蒿等）	浆砌石挡墙术 拱形骨架＋客土喷播护坡技术 生态植被袋＋锚杆固定技术 三维植被网护坡技术

参 考 文 献

卜耀军, 张雄, 艾海舰, 等, 2008. 陕蒙高速公路主要绿化树种土壤水分时空变化研究. 西北林学院学报, 23(6): 29-32.

陈迪马, 潘存德, 刘翠玲, 等, 2005. 影响天山云杉天然更新与幼苗存活的微生境变量分析. 新疆农业大学学报, 28(3): 35-39.

陈广庭, 1997. 陕西略阳陈家坝古火山机构的探讨. 陕西工学院学报, 13(4): 12-17.

陈黑虎, 2014. 不同立地条件下福建柏造林试验初报. 林业勘察设计, 68(2): 158-161.

陈学文, 张晓平, 梁爱珍, 等, 2012. 耕作方式对黑土硬度和容重的影响. 应用生态学报, 23(2): 439-444.

崔灵周, 丁文峰, 李占斌, 2000. 紫色土丘陵区农用地土壤水分动态变化规律研究. 土壤与环境, 9(3): 207-209.

答竹君, 艾应伟, 宋婷, 等, 2011. 道路边坡土壤水分空间和季节变异性分析. 水土保持通报, 31(1): 72-75.

段海澎, 2007. 山区高等级公路高边坡稳定性级及动态设计的地质工程研究. 成都: 成都理工大学.

宫伟光, 石家琛, 1992. 帽儿山红松人工林立地类型划分. 东北林业大学学报, 20(4): 22-29.

关德新, 吴家兵, 金昌杰, 等, 2006. 用气象站资料推算附近森林浅层地温和气温. 林业科学, 42(11): 113-137.

国家林业局, 2003. 全国林业生态建设与治理模式. 北京: 中国林业出版社.

韩有志, 程志枫, 常洁, 等, 2000. 水曲柳人工林下天然更新幼苗的空间格局. 山西农业大学学报, 20(4): 335-338.

贺庆棠, 2006. 气象学(修订版). 北京: 中国林业出版社.

胡列群, 1996. 塔克拉玛干沙漠及周围地区直接太阳辐射研究. 干旱区研究, 13(3): 5-12.

胡庭兴, 李贤伟, 杨祯禄, 1993. 立地质量综合评价及其应用的研究. 四川农业大学学报, 11(3): 397-403.

胡振琪, 赵艳玲, 毕银丽, 2001. 美国矿区土地复垦. 中国土地(6): 43-44.

黄小刚, 2011. 危岩体发展破坏机理与防治措施的可靠性研究. 重庆: 重庆交通大学.

姜韬, 2014. 阜新煤矸石堆积地立地条件分析及其适宜树种的研究. 辽宁林业科技(5): 26-29.

李卓, 2009. 土壤机械组成及容重对水分特征参数影响模拟试验研究: 以黄土为例. 杨凌: 西北农林科技大学.

李开元, 韩仕峰, 1990. 陕北黄土丘陵沟壑区旱地土壤水分动态. 水土保持通报, 10(6): 21-25.

李晓倩, 2012. 土地资源评价指标权重赋值方法的比较研究: 以庄浪县农村居民点整理潜力评价为例. 兰州: 甘肃农业大学.

李一为, 田佳, 赵方莹, 等, 2006. 108国道门头沟段微立地植物分布特征及边坡绿化植物的选择与配置. 中国水土保持科学, 4(增刊): 19-21.

李振山, 陈广庭, 1997. 粗糙度研究的现状及展望. 中国沙漠, 17(1): 99-102.

林鹏, 1986. 植物群落学. 上海: 上海科学技术出版社: 68-80.

刘创民, 罗菊春, 梁海英, 1993. 漠河林区兴安落叶松林数值分类和排序的研究. 河北林学院学报, 8(4): 283-291.

刘目兴, 刘连友, 孙炳彦, 等, 2008. 耕作地表土块状况及其对近地表风场的影响. 干旱地区农业研究, 26(1): 12-17.

刘仁芙, 2002. 我国土地复垦形势与政策建议. 中国土地(3): 31-34.

刘小丽, 周德培, 2002. 岩土边坡系统稳定性评价初探. 岩石力学与工程学报, 21(9): 1378-1382.

刘占伟, 邓四二, 滕弘飞, 2003. 复杂工程系统设计方案评价方法综述. 系统工程与电子技术, 25(12): 1488-1491.

刘志龙, 方建民, 虞木奎, 等, 2009. 3 种林茶复合系统小气候特征日变化研究. 林业科技开发, 23(2): 54-59.

苗保河, 郑延海, 伏芳, 等, 2011. 北京市门头沟区石灰窑遗址及公路边坡裸露地表植被修复模式的生态评价. 水土保持研究(6): 125-128.

莫春雷, 宁立波, 2014. 高陡岩质边坡植被修复的立地条件研究: 以洛阳市宜阳锦屏山为例. 安全与环境工程, 21(1):17-21.

强勇华, 2006. 宣城市石灰岩山地立地类型划分初探. 现代农业科技(12): 19-22.

山寺喜成, 1986. 播種工による早期樹林化方式の提案. 緑化工技術: 3-10.

山寺喜成, 2014. 自然生态环境修复的理念与实践技术. 魏天兴, 杨喜田, 顾卫, 译. 北京: 中国建筑工业出版社.

山寺喜成, 安保昭, 吉田宽, 1997. 恢复自然环境绿化工程概论. 罗晶, 张学培, 曾大林, 等, 译. 北京: 中国科学技术出版社.

沈国舫, 2001. 森林培育学. 北京: 中国林业出版社.

沈珍瑶, 丁晓雯, 杨志峰, 2006. 基于水资源可再生性的持续利用指标体系及其在黄河流域的应用. 干旱区资源与环境, 20(6): 52-56.

束文圣, 张志权, 蓝崇钰, 2000. 中国矿业废弃地的复垦对策研究. 生态科学, 19(2): 24-29.

宋永昌, 2001. 植被生态学. 上海: 华东师范大学出版社: 45-51.

滕维超, 万文生, 王凌晖, 2009. 森林立地分类与质量评价研究进展. 广西农业科学, 40(8): 1110-1114.

田佳, 2010. 廊涿高速公路路域立地质量评价与绿化植物选配研究. 北京: 北京林业大学.

田涛, 2011. 北京典型边坡立地条件类型划分研究. 北京: 北京林业大学.

王富, 李红丽, 董鲁光, 等, 2008. 淄博市周边破坏山体立地类型划分. 山东林业科技, 38(3): 41-43.

王娟, 2012. 5·12 地震北川县震后受损林地立地类型划分及其质量评价. 北京: 北京林业大学.

王宝军, 施斌, 姜洪涛, 等, 2009. 近 30 年南京市浅层地温场变化规律研究. 高校地质学报, 15(2): 199-205.

王高峰, 1986. 森林立地分类研究评价.南京林业大学学报(3): 108-124.

王庆成, 张彦东, 王政权, 2001. 微立地土壤水分–物理性质差异及对水曲柳幼林生长的影响. 应用生态学报, 12(3): 335-338.

王志强, 刘宝元, 海春兴, 2007. 土壤厚度对天然草地植被盖度和生物量的影响. 水土保持学报, 21(4): 164- 167.

魏述艳, 2010. 矿山废弃地立地条件类型划分与评价: 以北京首云铁矿为例. 北京:北京林业大学.

夏元友, 李梅, 2002. 边坡稳定性评价方法研究及发展趋势. 岩石力学与工程学报, 21(7): 1087-1091.

杨洁, 胡月明, 2009. 基于均方差决策分析法的土地集约利用评价研究: 以安化县为例. 广东农业科学(12): 191-194.

杨俊, 赵雨森, 韩春华, 等, 2008. 微立地土壤物理性质差异及对脂松幼林生长的影响. 东北林业大学学报, 36(6): 24-25.

杨喜田, 董惠英, 北泽秋司, 2000. 坡面治理工程对土壤硬度和土壤厚度影响的研究. 北京林业大学学报, 22(3): 37-40.

杨喜田, 董惠英, 北泽秋司, 2005. 土壤硬度对播种苗和栽植苗根系发育的影响. 中国水土保持科学, 3(4): 60-64.

杨喜田, 董惠英, 刘明强, 等, 1999. 太行山荒废地土壤厚度与植被类型关系的研究. 河南农业大学学报, 33(增刊): 8-11.

杨晓娟, 李春俭, 2008. 机械压实对土壤质量、作物生长、土壤生物及环境的影响. 中国农业科学, 41(7): 2008-2015.

杨延凌, 2007. 边坡稳定性评价方法. 西部探矿工程(5): 57-58.

余海龙, 顾卫, 袁帅, 等, 2014. 工程扰动边坡植被恢复工程. 水土保持通报(4): 291-295.

岳鹏程, 王彦志, 欧云峰, 等, 2007. 公路边坡坡度与坡面生态修复关系研究. 武汉理工大学学报, 29(9): 167-169.

曾宪勤, 刘宝元, 刘瑛娜, 等, 2008. 北方石质山区坡面土壤厚度分布特征: 以北京市密云县为例. 地理研究, 27(6): 1281-1289.

张传吉, 1993. 建筑业价值工程. 北京: 中国建筑工业出版社.

张国正, 黄春昌, 1987. 坡地土壤土层厚度测定方法建议. 土壤通报(5): 222, 231.

张仁陟, 李小刚, 胡华, 等, 1998. 甘肃黄土地区农田土壤水分变异规律研究. 土壤侵蚀与水土保持学报, 4(4): 53-59.

赵飞, 2008. 淄博市四宝山破坏山体立地分类与评价研究. 济南: 山东农业大学.

赵廷宁, 田涛, 田佳, 2008. 微立地因子植被恢复方法在汶川地震植被重建中的应用研究. 中国科学技术协会 2008 防灾减灾论坛论文集: 872-878.

中国林业标准汇编, 1998. 中国林业标准汇编(营造林卷). 北京: 中国标准出版社.

中国森林立地类型编写组, 1995. 中国森林立地类型. 北京: 中国林业出版社.

周德培, 张俊云, 2002. 植被护坡工程技术. 北京: 人民交通出版社.

周德培, 张俊云, 2003. 绿化防护工程技术. 北京: 人民交通出版社.

宗辉, 2003. 地质灾害危险性评估的半定量评价方法. 地质灾害与环境保护, 14(2): 51-53.

邹文秀, 韩晓增, 王守宇, 等, 2009. 黑土区土壤剖面水分动态变化研究. 水土保持通报, 29(3): 130-132.

《岩土工程手册》编写委员会, 1998. 岩土工程手册. 北京: 中国建筑工业出版社: 43-45.

BRADSHAW A D, 1997. Restoration of mined lands: Using natural processes. Ecological Engineering (8):255-269.

BROWN N D, WHITRNORE T C, 1992. Do dipterocarp seedlings reallypartition tropical rainforest gaps? Philosophical Transactions: Biological Sciences, 335: 369-378.

CLINTON B D, BAKER C R, 2000. Catastrophic windthrow in the southern appalachians: Characteristics of pits and mounds and initial vegetation responses . Forest Ecology and Management, 126(1): 51-60.

DELONG H B, LIEFFERS V J, BLENIS P V, 1997. Microsite effects on first year establishment and overwinter survival of white spruce in aspen dominated boreal mixed-woods . Canadian Journal of Forest Research, 27(9): 1452-1457.

DÍAZ-ZORITA M, 2000. Effect of deep-tillage and nitrogen fertilization interactions on dryland corn (Zea mays L.) productivity. Soil and Tillage Research, 54: 11-19.

EWALD J, 1999. Relationships between floristic and microsite variability in coniferous forests of the Bavarian Alps. Phytocoenologia, 29(3): 327-344.

GRAY A N, SPIES T A, 1997. Microsite controls on tree seedling establishment in conifer forest canopy gaps. Ecology, 78(8): 2458-2473.

HUPET F, VANCLOOSTER M, 2002. Intraseasonal dynamics of soil moisture variability within a small agricultural maize cropped field. Journal of Hydrology, 261: 86-101.

KUULUVAINEN T, JUNTUNEN P, 1998. Seedling establishment in relation to microhabitat variation in a windthrow gap in a boreal Pinus sylvestris forest. Journal of Vegetation Science, 9(4): 551-562.

LETTAU K, LETTAU H H, 1978. Experimental and micro-meteorological field studies of dune migration// LETTAU H H, LETTAU K. Exploring the worlds driest climates. Madison: Institute of environmental Science Report 101, University of Wisconsin: 110-147.

LOGSDON S D, KARLEN D L, 2004. Bulk density as a soil quality indicator during conversion to no-tillage. Soil and Tillage Research, 78(2): 143-149.

MARTINEZ-FERNANDEZ J, CEBALLOS A, 2003. Temporal stability of soilmoisture in a large field experiment in Spain . Soil Science Society of America Journal, 67: 1647-1656.

MONTEITH J L, UNSWORTH M H, 1973. Principles of Environmental Physics. London: Edward Arnold.

PONGE J F, FERDY J B, 1997. Growth of Fagus sylvatica saplings in an old-growth forest as affected by soil and light conditions. Journal of Vegetation Science, 8(6): 789-796.

STATHERS R J, TROWBRIDGE R, SPITTLEHOUSE D L, 1990. Eeological principles: basic concepts. Regenerating British Columbia's Forests. Vancourver: University of British Columbla Press: 51-52.

TITUS J H, MORAL R, 1998. Seedling establishment in different microsites on Mount St. Helens, Washington, USA .Plant Ecology, 134(1): 13-26.

附录1 植物名录

矿山废弃地植物调查名录

植物名称	拉丁名	科	属
萱草	*Hemerocallis fulva* (L.) L.	百合科	萱草属
侧柏	*Platycladus orientalis* (L.) Franco	柏科	侧柏属
益母草	*Leonurus japonicus* Houttuyn	唇形科	益母草属
白花草木犀	*Melilotus albus* Desr.	豆科	草木樨属
草木犀	*Melilotus officinalis* (L.) Pall	豆科	草木樨属
胡枝子	*Lespedeza bicolor* Turcz.	豆科	胡枝子属
阴山胡枝子	*Lespedeza inschanica* (Maxim.) Schindl.	豆科	胡枝子属
多花胡枝子	*Lespedeza floribunda* Bunge	豆科	胡枝子属
兴安胡枝子（达呼里胡枝子）	*Lespedeza daurica* (Laxm.) Schindl.	豆科	胡枝子属
蓝花棘豆	*Oxytropis caerula* (Pallas) Candolle	豆科	紫花棘豆属
柠条锦鸡儿	*Caragana korshinskii* Kom.	豆科	锦鸡儿属
斜茎黄耆（沙打旺）	*Astragalus adsurgens* Pall.	豆科	黄芪属
野豌豆	*Vicia sepium* L.	豆科	野豌豆属
地肤	*Kochia scoparia* (L.) Schrad.	藜科	地肤属
紫苜蓿	*Medicago sativa* L.	豆科	苜蓿属
紫穗槐	*Amorpha fruticosa* L.	豆科	紫穗槐属
高羊茅	*Festuca elata* Keng ex E. Alexeev	禾本科	羊茅属
狗尾草	*Setaria viridis* (L.) Beauv.	禾本科	狗尾草属
羊草	*Leymus chinensis* (Trin.) Tzvel.	禾本科	赖草属
紫花地丁	*Viola philippica* Cav.	堇菜科	堇菜属
中华苦荬菜	*Ixeris chinensis* (Thunb.) Nakai	菊科	苦荬菜属
山莴苣	*Lactuca sibirica* (L.) Benth. ex Maxim	菊科	莴苣属
尖裂假还阳参	*Ixeridium sonchifolium* (Maximowicz) Pak &Kawano	菊科	小苦荬菜属
秋英（波斯菊）	*Cosmos bipinnatus* Cavanilles	菊科	秋英属
苦荬菜	*Ixeris polycephala* Cass.	菊科	苦荬菜属
白莲蒿（铁杆蒿）	*Artemisia stechmanniana* Bess.	菊科	蒿属
细叶鸦葱	*Scorzonera pusilla* Pall.	菊科	鸦葱属
臭椿	*Ailanthus altissima* (Mill.) Swingle	苦木科	臭椿属

植物名称	拉丁名	科	属
藜	*Chenopodium album* L.	苋科	藜属
灰绿藜	*Chenopodium glaucum* L.	苋科	藜属
猪毛菜	*Salsola collina* Pall.	苋科	碱猪毛菜属
地梢瓜	*Cynanchum the sioides* (Freyn) K.Schum.	夹竹桃科	鹅绒藤属
萝藦	*Metaplexis japonica* (Thunb.) Makino	夹竹桃科	萝藦属
荆条	*Vitex negundo* var. *heterophylla* (Franch.) Rehder	唇形科	牡荆属
连翘	*Forsythia suspensa* (Thunb.) Vahl	木犀科	连翘属
迎春花	*Jasminum nudiflorum* Lindl.	木犀科	素馨属
地锦（爬山虎）	*Parthenocissus tricuspidata* (Sieb. et Zucc.) Planch.	葡萄科	地锦属
五叶地锦	*Parthenocissus quinquefolia* (L.) Planch.	葡萄科	地锦属
黄栌	*Cotinus coggygria* Scop.	漆树科	黄栌属
粉花绣线菊	*Spiraea japonica* L. f.	蔷薇科	绣线菊属
三裂绣线菊	*Spiraea trilobata* L.	蔷薇科	绣线菊属
土庄绣线菊	*Spiraea pubescens* Turcz.	蔷薇科	绣线菊属
山桃	*Amygdalus davidiana* (Carr.) C. de Vos	蔷薇科	桃属
山杏	*Armeniaca sibirica* (L.) Lam.	蔷薇科	杏属
委陵菜	*Potentilla chinensis* Ser.	蔷薇科	委陵菜属
忍冬（金银花）	*Lonicera japonica* Thunb.	忍冬科	忍冬属
葎草	*Humulus scandens* (Lour.) Merr.	大麻科	葎草属
酸枣	*Ziziphus jujuba* var. *spinosa* (Bunge) Hu ex H.F.Chow	鼠李科	枣属
苋	*Amaranthus tricolor* L.	苋科	苋属
地黄	*Rehmannia glutinosa* (Gaert.) Libosch. ex Fisch. et Mey.	列当科	地黄属
田旋花	*Convolvulus arvensis* L.	旋花科	旋花属
旱柳	*Salix matsudana* Koidz.	杨柳科	柳属
榆树	*Ulmus pumila* L.	榆科	榆属
鸢尾	*Iris tectorum* Maxim.	鸢尾科	鸢尾属
艾	*Artemisia argyi* Lévl. et Van.	菊科	蒿属
栗	*Castanea mollissima* Blume	壳斗科	栗属
长柄唐松草	*Thalictrum przewalskii* Maxim.	毛茛科	唐松草属
刺槐	*Robinia pseucdoacacia* L.	豆科	刺槐属
粗根老鹳草	*Geranium dahuricum* DC.	牻牛儿苗科	老鹳草属
大叶铁线莲	*Clematis heracleifolia* DC.	毛茛科	铁线莲属
花曲柳（大叶白蜡）	*Fraxinus chinensis* subsp. *rhynchophylla* (Hance) E. Murray	木犀科	梣属
小叶梣（小叶白蜡）	*Fraxinus bungeana* DC.	木犀科	梣属

植物名称	拉丁名	科	属
大油芒	*Spodiopogon sibiricus* Trin.	禾本科	大油芒属
大籽蒿	*Artemisia sieversiana* Ehrhart ex Willd.	菊科	蒿属
短尾铁线莲	*Clematis brevicaudata* DC.	毛茛科	铁线莲属
鹅绒藤	*Cynanchum chinense* R. Br.	夹竹桃科	鹅绒藤属
杠柳	*Periploca sepium* Bunge	夹竹桃科	杠柳属
扁担杆（孩儿拳头）	*Grewia biloha* G. Don	锦葵科	扁担杆属
河朔荛花	*Wikstroemia chamaedaphne* Meisn.	瑞香科	荛花属
胡桃	*Juglans regia* L.	胡桃科	胡桃属
红花锦鸡儿	*Caragana rosea* Turcz. ex Maxim.	豆科	锦鸡儿属
黄花蒿	*Artemisia annua* L.	菊科	蒿属
黄花铁线莲	*Clematis intricata* Bunge	毛茛科	铁线莲属
荩草	*Arthraxon hispidus* (Thunb.) Makino	禾本科	荩草属
荆条	*Vitex negundo* Linn. var. *heterophylla* (Franch.) Rehd	唇形科	牡荆属
葎叶蛇葡萄	*Ampelopsis humulifolia* Bge.	葡萄科	蛇葡萄属
栾树	*Koelreuteria Paniculata* Laxm.	无患子科	栾属
蚂蚱腿子	*Myripnois dioica* Bunge	菊科	蚂蚱腿子属
毛地黄	*Digitalis purpurea* L.	车前科	毛地黄属
歧茎蒿	*Artemisia igniaria* Maxim.	菊科	蒿属
茜草	*Rubia cordifolia* L.	茜草科	茜草属
铁苋菜	*Acalypha australis* L.	大戟科	铁苋菜属
凹头苋	*Amaranthus blitum* Linnaeus	苋科	苋属
反枝苋	*Amaranthus retroflexus* L.	苋科	苋属
马齿苋	*Portulaca oleracea* L.	马齿苋科	马齿苋属
小花鬼针草	*Bidens parviflora* Willd.	菊科	鬼针草属
小叶鼠李	*Rhamnus parvifolia* Bunge	鼠李科	鼠李属
鸭跖草	*Commelina communis* L.	鸭跖草科	鸭跖草属
山杨	*Populus davidiana* Dode	杨柳科	杨属
野鸢尾	*Iris dichotoma* Pall.	鸢尾科	鸢尾属
茵陈蒿	*Artemisia capillaris* Thunb.	菊科	蒿属
圆叶牵牛	*Ipomoea purpurea* Lam.	旋花科	虎掌藤属
朝阳隐子草	*Cleistogenes hackelii* (Honda) Honda	禾本科	隐子草属
芦苇	*Phragmites australis* (Cav.) Trin. ex Steud.	禾本科	芦苇属
中华卷柏	*Selaginella sinensis* (Desv.) Spring	卷柏科	卷柏属
黄花蒿	*Artemisia annua* L.	菊科	蒿属
蒙古蒿	*Artemisia mongolica* (Fisch. ex Bess.) Nakai	菊科	蒿属

续表

植物名称	拉丁名	科	属
猪毛蒿	*Artemisia scoparia* Waldst. et Kit.	菊科	蒿属
马唐	*Digitaria sanguinalis* (L.) Scop	禾本科	马唐属
曼陀罗	*Datura stramonium* L.	茄科	曼陀罗属
酸模叶蓼	*Polygonum lapathifolium* L.	蓼科	萹蓄属
苍耳	*Xanthium strumarium* L.	菊科	苍耳属
野大豆	*Glycine soja* Sieb. et Zucc	豆科	大豆属
虎尾草	*Chloris virgata* Sw.	禾本科	虎尾草属
猪殃殃	*Galium aparine* L.	茜草科	拉拉藤属
旋覆花	*Inula japonica* Thunb.	菊科	旋覆花属
野韭菜	*Allium japonicurn* Regel	百合科	葱属
石竹	*Dianthus chinensis* L.	石竹科	石竹属
白颖薹草	*Carex duriuscula* subsp. *rigescens* (Franch.) S. Y. Liang et Y. C. Tang	莎草科	薹草属
万寿菊	*Tagetes erecta* L.	菊科	万寿菊属
苘麻	*Abutilon theophrasti* Medicus	锦葵科	苘麻属
香附子	*Cyperus rotundus* L.	莎草科	莎草属
瓦松	*Orostachys fimbriata* (Turcz.) A. Berger	景天科	瓦松属
稗	*Echinochloa crus-galli* (L.) P. Beauv.	禾本科	稗属
报春花	*Primula malacoides* Franch.	报春花科	珍珠菜属
矮桃	*Lysimachia clethroides* Duly	报春花科	珍珠菜属
翠菊	*Callistephus chinensis* (L.) Nees	菊科	翠菊属
金鸡菊	*Coreopsis basalis* (A. Dietr.) S. F. Blake	菊科	金鸡菊属
小红菊	*Chrysanthemum chanetii* H. Léveillé	菊科	菊属
香青兰	*Dracocephalum moldavica* L.	唇形科	青兰属
大叶章	*Deyeuxia purpurea* (Trinius) Kunth	禾本科	野青茅属
菟丝子	*Cuscuta chinensis* Lan.	旋花科	菟丝子属
龙葵	*Solanum nigrum* L.	茄科	茄属
山葡萄	*Vitis amurensis* Rupr.	葡萄科	葡萄属
山扁豆（含羞草决明）	*Chamaecrista mimosoides* standl	豆科	山扁豆属
飞蓬	*Erigeron acer* L.	菊科	飞蓬属
锦鸡儿	*Caragana sinica* (Buc'hoz) Rehder	豆科	锦鸡儿属
铺地柏	*Juniperus procumbens* (Endlicher) Siebold ex Miquel	柏科	刺柏属
桑	*Morus alba* L.	桑科	桑属
柏木	*Cupressus funebris* Endl.	柏科	柏木属
油松	*Pinus tabulaeformis* Carrière	松科	松属
杜梨	*Pyrus betulifolia* Bge.	蔷薇科	梨属

植物名称	拉丁名	科	属
五角枫	*Acer pictum* subsp. *mono*(Maximowicz) H. Ohashi	无患子科	槭属
李	*Prunus salicina* Lindl.	蔷薇科	李属
山楂	*Crataegus pinnatifida* Bge.	蔷薇科	山楂属
火炬树	*Rhus typhina* Nutt	漆树科	盐麸木属
元宝槭	*Acer truncatum* Bunge	无患子科	槭属
诸葛菜	*Orychophragmus violaceus* (L.) O. E. Schulz	十字花科	诸葛菜属

附录 2 调查因子表

矿山废弃地微立地类型调查因子表

调查样地类型	调查因子
岩质边坡	日期、地点、矿种、开矿时间、开挖方式、时间、大气气温、大气湿度、经纬度、海拔、微地貌、坡度、坡向、阴阳坡、坡高、岩性、pH、产状、顺逆向、颜色、温度、滑动层、浮石、涌水、裂隙密度、平均裂隙宽度、填充物程度、填充物成分、粗糙元平均高、粗糙元面积比、单一或多元、破碎程度、粗糙度初判、干湿程度、冲风、结构破坏程度、矿物成分变化程度、颜色变化程度、锤击声、岩体硬度、坡脚削坡、坡顶加载、坡顶裂缝、群落类型、总盖度、物种、平均高度、数量、盖度
堆体边坡	日期、地点、矿种、开矿时间、开挖方式、记录时间、大气气温、大气湿度、经纬度、海拔、微地貌、坡度、坡向、坡高、质地构成、颜色、温度、平均粒径、堆体紧实度、冲蚀沟、浮石位置、涌水位置、坡顶加载、坡脚削坡、群落类型、总盖度、物种、平均高度、数量、盖度
平缓地	日期、地点、矿种、开矿时间、开挖方式、点号、时间、大气气温、大气湿度、经纬度、海拔、微地貌、质地构成、平均粒径、颜色、表层温度、厚度、群落类型、总盖度、物种、平均高度、数量、盖度
已恢复区及周边	日期、地点、类型、时间、气温、湿度、海拔、朝向、阴阳坡、坡度、土类、温度、颜色、土厚、母质、土壤硬度、群落类型、总盖度、物种、平均高度、数量、盖度

附录 3　微立地类型典型照片

不稳定较粗糙阴性高陡坡（平谷区东高村采石场）（一）

不稳定较粗糙阴性高陡坡（平谷区东高村采石场）（二）

不稳定较粗糙阴阳高陡坡

稳定土石混合阴阳陡坡

稳定较光滑阳性高陡坡（房山区檀木港采石场）（一）

稳定较光滑阳性高陡坡（房山区檀木港采石场）（二）

不稳定较光滑阴性高陡坡（延庆二月河铁矿）（一）

不稳定较光滑阴性高陡坡（延庆二月河铁矿）（二）

U 形沟底边坡

不稳定粗糙阳性高陡坡

不稳定碎石堆积阳陡坡（一）

不稳定碎石堆积阳陡坡（二）

不稳定碎石堆积阳陡坡

不稳定石块堆积阴性高陡坡

不稳定土石混合阳陡坡

不稳定石块堆积阳陡坡

不稳定土石混合阳陡坡

不稳定粗糙阳性陡坡

不稳定较光滑阴性陡坡

不稳定较粗糙阳性高陡坡

不稳定较光滑阳性高陡坡

不稳定粗糙阳性高陡坡

不稳定碎石堆积阳陡坡

不稳定石块堆积阳陡坡

不稳定粗糙阳性斜坡+稳定粗糙阳性陡坡

不稳定碎石堆积阳陡坡

不稳定碎石堆积阳陡坡

不稳定石块堆积阴性高陡坡

稳定粗糙阴性陡坡

不稳定碎石堆积阳陡坡

不稳定土石混合分级阴阳陡坡

不稳定石块堆积阴性高陡坡

不稳定较粗糙阴阳高陡坡（一）

不稳定较粗糙阴阳高陡坡（二）

门头沟枣湾子采石场

不稳定较光滑阳性陡坡

不稳定较光滑阴性陡坡（延庆石峡采石场）（一）

不稳定较光滑阴性陡坡（延庆石峡采石场）（二）

不稳定较光滑阳性高陡坡（房山黄院村采石场）（一）

不稳定较光滑阳性高陡坡（房山黄院村采石场）（二）

不稳定土石混合阳陡坡

稳定较光滑阴性高陡坡

稳定较粗糙阴阳高陡坡（怀柔区怀北镇保峪岭铁矿）（一）

稳定较粗糙阴阳高陡坡（怀柔区怀北镇保峪岭铁矿）（二）